服装材料性能与成衣加工

陆 鑫 武英敏 著

东华大学 出版社
·上海·

内容简介

本书探讨了服用材料的性能对成衣加工的影响。主要内容包括 4 个方面:一是常见面料的热缩率对成衣尺寸规格的影响;二是服用面料的性能对成衣纸样的影响;三是服用面料的性能对成衣缝制工艺的影响;四是服用面料的性能对成衣造型的影响。全书共分为六章。第一~三章由武英敏主要编写,第四~六章由陆鑫主要编写。

本书的研究方法和结论不仅在于书中所涉及的服装材料性能对成衣生产的影响,还可广泛扩展到其他服用纺织材料对成衣生产的影响,可供服装、纺织专业人员从事研究、开发之用,有助于提高目前服装市场上成衣的加工质量,也可供纺织、服装院校的教师、学生作为学习、参考书使用。

图书在版编目(CIP)数据

服装材料性能与成衣加工/陆鑫,伍英敏著. —上海:东华大学
出版社,2017.4
ISBN 978 - 7 - 5669 - 1214 - 5

Ⅰ. ①服… Ⅱ. ①陆… ②伍… Ⅲ. ①服装–材料–性能 ②服装缝
制 Ⅳ. ①TS941.15 ②TS941.634

中国版本图书馆 CIP 数据核字(2017)第 078777 号

服装材料性能与成衣加工

著/陆 鑫 武英敏
责任编辑/杜亚玲
封面设计/魏依东
出版/东华大学出版社有限公司
　　　上海市延安西路 1882 号
　　　邮政编码:200051
本社网址/www.dhupress.net
天猫旗舰店/dhdx.tmall.com
印刷/苏州望电印刷有限公司
开本/787mm×1092mm 1/16
印张/13.25 字数/330 千字
版次/2017 年 4 月第 1 版
印次/2017 年 4 月第 1 次印刷
书号/ISBN 978-7-5669-1214-5
定价/48.00 元

前　言

　　服装材料可分为服装面料和服装辅料两部分。服装材料作为服装三要素之一，不仅可以诠释服装的风格和特性，而且直接影响着服装的色彩、造型的表现效果。

　　随着现代人生活质量的提高，他们对自己的穿着要求也愈来愈高。服装品质一般应包括几个方面：一是外观质量，它由款式设计、主辅料颜色搭配、缝制加工水平及面料外观等方面构成；二是尺寸及外观稳定性，即穿着使用（包括洗涤）后保持原有外形的特性，如是否起皱、起泡或起毛起球、尺寸增大或缩小等；三是坚牢耐用性，主要为面料及辅助材料的抗拉伸、撕裂、顶破强度、接缝强力、耐磨性等；四是面料的染色牢度。现代服装都是由两种以上的材料通过多重工序组合加工而成。在服装的加工过程中，为了保证各加工工序中加工规格的准确性，在加工前必须测定材料的各项物理指标，并根据物理指标调整成衣各加工工序的规格参数。服装材料的物理性能与加工规格之间的关系是最显著的，表象最明显。

　　本书就服装材料性能对成衣生产主要环节技术与品质的影响从理论上进行了系统研究，对各环节的影响从实践上进行了剖析。该研究一方面可以指导服装生产，为服装生产提供技术参照与依据；另一方面，希望纺织企业在材料生产环节能够合理对接，降低成衣生产环节的技术难度，提高成衣品质。

　　在此将作者近年来的工作积累整理成文，就服装材料性能对成衣生产影响提出一些自己的观点和看法，希望能和大家共同讨论提高。同时，鉴于作者水平有限，书中尚有不妥之处，恳请同行与专家们指教。最后，借本书出版之际，向所有给予我们帮助的同仁们表示感谢！本书为辽宁省功能纺织材料重点试验室、辽宁省教育厅科研项目（项目编号 L2014534）资助成果。

编　者

2017 年 3 月

目　录

第一章

服装材料对成衣规格的影响概述

　　我国服装生产既要满足十三亿八千万人口的着装需求,还要发展出口,争创外汇,为国民经济的发展积累资金。服装业作为创利高、收益快的行业,在我国现代化工业的发展中占有举足轻重的地位。加入 WTO 后,国内的服装纺织业参与国际市场的竞争,同时也面临更多的挑战。目前,我国服装出口的数量、效益都在逐年攀升,特别是近年来,国内服装行业紧跟国际流行趋势,不断提高产品质量,完善产品性能,丰富产品种类,提高产品档次,增强品牌意识。与此同时,服装消费模式呈现出多元化的趋势,推动了服装业向科技创新、文化增值、绿色环保的方向发展。但是,与国际先进水平相比,我国服装在成衣生产过程中还存在很多问题。

　　成衣生产主要由四部分组成:原料准备、裁剪、缝制、整理和检验。其中成衣质量检验就是根据服装专业特有的标准规定,对服装的成品进行质量检验,主要包括规格尺寸控制、疵点控制、色差控制、工艺控制。其中,规格尺寸控制越来越引起人们的重视。规格尺寸是指服装各部位的尺寸。成衣各部位的尺寸,应该按工艺要求在允许的误差范围内。如果规格尺寸在允许误差范围内,则说明服装成品在规格尺寸方面合格,否则将是不合格品。表 1.1 所示的是衬衫成品允许的误差范围。

表 1.1　衬衫成品规格允许的误差　　　　　　　　　　　　单位:mm

部位名称	允许误差	部位名称	允许误差	部位名称	允许误差
领长	±0.6	袖长(长)	±0.8	胸围	±1.5~2
衣长	±1	袖长(短)	±0.6	总肩宽	±0.8

　　成衣规格尺寸的准确与否,与面料的纤维构成、面料的组织结构、面料的性能,以及为保证成衣造型美观制作中所使用的衬料的种类与性能等原材料方面的因素有关,还与生产中的工艺条件有关,如样板尺寸的准确性、铺料张力的均匀性、缝制用缝纫线的张力、熨烫温度的高低等。掌握原材料的性能,采用正确的生产工艺,是提高成衣质量的重要保证。

第一节　服装面料

一、服装面料基础知识

服装材料是指所有用在服装上的兼具功能性和装饰性的材料,通常可分成面料、辅料两大类。服装面料是指用在服装最外层的材料,是构成服装的主要材料,又称衣料或布料。服装材料种类繁多,而且有不同的分类方法。

1. **按服装制作工艺分**

可分为服装面料、服装里料、服装衬料、服装垫料、缝纫线等。

2. **按形成服装材料的加工方式分**

① 梭织面料:由经纬纱线按一定的规律织成的材料。

② 针织面料:由一根或一组纱线为原料,用织针把纱线构成线圈,再把线圈串套连接而形成的材料。

③ 非织造材料:在织物形成原理上完全有区别于传统成形方法的纺织材料(面状纤维集合体)。

3. **按照原料来源分**

① 天然面料:由自然界中生长或形成的纤维纺成纱线而织出的面料,包括棉、麻、丝、毛、裘皮。这类面料通常吸湿性好、透气、穿着舒适且干燥季节不易起静电,但一般保型性差、易皱。

② 化纤面料:包括人造纤维面料和合成纤维面料两种。人类纤维面料的性能跟天然面料相似;合成纤维面料一般吸湿性差、透气性差、易起静电,但保型性、、强度高、耐磨性好。

现代科学技术的飞速发展大大促进了纺织、印花、整理等加工技术的改革,20 世纪 90 年代以来,已经不断涌现出各种新型的服装材料。

二、服装面料的选用原则

服饰是包括覆盖人体躯干和四肢的衣服、鞋帽和手套等的总称。对服装设计师和服装制造商而言,设计和制造的服饰必须能够产生利润才能算是成功。要产生利润,服装必须能销售出去。服装设计师和服装制造商要设计和制造出适销对路的服装,重要的一环就是服装材料的合理选用,既要考虑服装材料的表面色泽、纹理和图案效果,又要考虑服装材料的造型能力、成衣加工性能、用用性和舒适性等。选用材料,应根据着衣者的个性、职业、体型以及着衣目的、着衣环境和时尚潮流等来确定,既要明确对具体服装类别的性能和美学要求,又要了解各种服装材料的性能特点。对服装业内人士来说,不论是先有服装设计方案、再去选材料,还是先有服装材料、再去设计服装,都应遵循下列原则:

1.5W1H 原则

5W1H 原则是指在选择服装材料时,应该充分考虑该材料制成的服装是什么人穿(who),着衣者为什么要穿这样的服装(why),在什么时候穿(when),在什么地方穿(where),以及所制成的服装的成本和价格将会怎样(how many),最后确定选择什么样的材料(what)。现以 5W1H 中的 why 为例进行分析,着衣目的不同,选择的材料亦不同。

(1)根据卫生保健目的加以选择(如表 1.1.1)

表 1.1.1　以卫生保健为目的对材料的选择

目的服装	衣料选用原则
风衣	保证具有良好的外观造型、不易脏污、易于穿着,宜选用挺括抗皱、防燃整理的涤棉或全棉卡其、斜纹及简单变化组织衣料
雨衣	以防水、保型、易于穿用为原则,选用挺括抗皱、防水整理的涤棉卡其或锦纶涂层塔夫绸、斜纹绸等衣料
内衣	要求舒适柔软、坚牢易洗,可选用全棉细布类、黏胶及其混纺等衣料
防护服	可根据各种防护条件需要为原则,选用防燃、防污整理,或耐辐射、耐高温等新材料组成的衣料

(2)以生活活动为目的加以选择(如表 1.1.2)

表 1.1.2　以生活活动为目的对材料的选择

目的服装	衣料选用原则
工作服	适应劳动条件、坚牢耐用、易洗快干,选用纯涤、涤/毛、涤/棉等混纺斜纹、平纹或其他简单变化组织衣料
家居服	以舒适方便经济为原则,选用全棉、涤/棉、涤/黏、毛/黏混纺衣料或人纤布、真丝绸、麻及麻混纺布等适合时令的衣料
睡衣	可选用华丽高贵的真丝缎类、绉类及舒适耐用的棉布、绢绸、绒布、毛巾织物等
运动衣	以满足人体多功能需求、舒适坚牢为原则,选用防水透湿、吸汗快干的腈/棉、黏/棉等衣料

(3)以道德礼仪为目的的选择(如表 1.1.3)

表 1.1.3　以道德礼仪为目的对材料的选择

目的服装	衣料选用原则
社交服	根据各国各民族的习惯,可选用高档精纺或粗纺呢绒、丝绒、软缎、锦缎、涤棉高支细纺府绸等
礼仪服 婚礼服 夜礼服	男用以潇洒庄重为原则,选用黑白两色为格调的礼服呢、华达呢、涤棉、高支细纺府绸等 女用以华贵高雅为原则,选用紫红、白色、粉、蓝等色为格调的丝绒、软缎、锦缎、乔其纱等衣料

（4）以职业类别标识为目的的选择（如表 1.1.4）

表 1.1.4　以职业类别标识为目的对材料的选择

目的服装	衣料选用原则
职业装	以职业标识明显为原则,可选用涤/毛、涤/棉、人造丝、合纤丝绸类为材料、按职业类别确定色调,如军服以草绿、银灰或白色为主,医护服是白色或淡蓝色
团体服制服	要保证统一标志和经济实用为原则,选用棉、人造棉、涤/棉、锦纶绸等色泽艳丽、价格低廉的中档衣料

2. 根据服装材料的流行趋势进行选择

服装是流行性很强的商品,在选择服装用材料时要符合时尚潮流。要做到这一点,应注意下述几个问题:

（1）流行信息的超前性

作为一个服装工作者,要经常做好信息的收集和市场调研工作,但只到街上去看消费者喜欢穿什么是远远不够的,因为当街上许多人穿某种服装材料时,就意味着它即将过时了,因此要去寻找超前的信息。

国际上有影响的服装流行趋势的发布会,一般都在服装上市前的 6～8 个月进行,如服装色彩流行趋势的发布约超前 15～18 个月,服装材料流行趋势的发布约超前 12～15 个月,服装款式造型的流行趋势发布约超前 6～12 个月,并且这些信息的发布都附有色彩、图片、主体和说明,以供分析参考。服装工作者应该及时捕捉到这些信息,为服装生产做准备。

（2）信息发布的权威组织和机构

发布流行趋势的机构很多,但应注意那些具有权威组织和机构所发布的流行信息。例如:关于服装色彩的流行趋势,应关注国际流行色协会所发布的信息;关于服装材料的流行趋势,应关注法兰克福衣料博览会所发布的信息。同时,我国香港地区举办的亚洲服装面料博览会和国际羊毛局等发布的信息也很有参考价值。

（3）流行信息的分析应用

虽然服装的潮流已趋向国际化,但是对上述信息,还要结合实际情况进行分析,不宜照搬照抄。因此,很多企业当年生产的服装产品,并非全是最新材料,一般 50% 的材料用上一年最热销的,30% 的材料才是最新流行的,而其余 20% 的材料则是根据客户的要求或市场的动向来随时更改和灵活掌握的。

三、服装面料的选用方法

在选择服装材料的过程中,除了上述原则外,还有一些具体的方法值得注意。

1. 材料的外观、手感和风格

对材料的选择,离不开对材料的外观、手感和风格的识别与评判,这些常靠人们的感官和经验来判断。

（1）织物的外观

所谓外观,是指靠眼睛来挑选材料。用眼睛观察下列内容:

① 织物的颜色要纯正而匀净。布面颜色纯正,并且染色要均匀,不能有色花、色斑,否则影响服装质量。

② 织物的布面要纹路清晰,经平纬直,布面匀净。

③ 布面要平整。

④ 布面的光泽自然,既不能无光泽,又不能有极光。

⑤ 布面的花型图案应符合要求。

（2）织物的手感

所谓手感,是指用手去触摸织物,靠抓、捏、摸、搓的感觉来判断织物的弹性、板结和活络程度等。

（3）织物的风格

不同风格的服装,主要是靠材料的风格来塑造和完成的。通过用手的感触,判断衣料是轻薄、飘逸,还是厚实、挺括,是活络,还是板结,是滑、挺、爽的风格,还是滑、挺、糯的风格。织物的手感风格,在很大程度上受人们主观心理和经验的影响。

2. 对材料进行测试

服装企业有必要对新购进的材料做必要的测试,如缩水率、整烫缩率、剥离强度、染色牢度等,以保证产品质量和确定加工工艺。其中染色牢度是很重要的一项,染色牢度不好,常常成为消费者投诉的原因。特别是黑色、大红色和天蓝色的织物,在选择时尤其要引起注意。

四、机织面料的鉴别

1. 纺织纤维的鉴别

鉴别纤维的方法很多,有手感目测法、燃烧法、显微镜观察法、化学溶解法、药品着色法、熔点法和光谱法等。各种方法各有特点,在鉴别纤维时,往往需要综合运用多种方法,才能作出准确的判断。

（1）手感目测法

手感目测法最简便,不需要任何仪器。此法是根据纤维的外观形态、色泽、手感、伸长、强度等特征来判断天然纤维或化学纤维,但需要丰富的实践经验,而且有一定的局限性,难以鉴别化学纤维中的具体品种。

（2）燃烧法

燃烧法是最常用的一种方法,基本原理是利用各种纤维的不同化学组成和燃烧特征来粗略地鉴别纤维种类。鉴别方法是用镊子夹住一小束纤维,慢慢移进火焰,仔细观察纤维接近火焰时、在火焰中以及离开火焰时,烟的颜色、燃烧速度、燃烧后灰烬的特征及燃烧气味,加以纪录,对照表 1.1.5 来进行判别。燃烧法也有一定的局限性,只适用于单一成分的纤维、纱线、织物的鉴别。对于混纺产品、包芯纱产品以及经过防火、阻燃或其他整理后的产品,则不适用。

表 1.1.5　几种纤维的燃烧特征

纤维名称	接近火焰	在火焰中	离开火焰后	燃烧后残渣形态	燃烧时气味
棉、麻、黏胶纤维、富强纤维	不熔不缩	迅速燃烧	继续燃烧	少量灰白色的灰	烧纸味
羊毛、蚕丝	收缩	逐渐燃烧	不易延烧	松脆黑色块状物	烧毛发臭味
涤纶	收缩、熔融	先熔后燃烧，且有溶液滴下	能延烧	玻璃状黑褐色硬球	特殊芳香味
锦纶	收缩、熔融	先熔后燃烧，且有溶液滴下	能延烧	玻璃状黑褐色硬球	氨臭味
腈纶	收缩、微熔、发焦	熔融燃烧，有发光小火花	继续燃烧	松脆黑色硬块	有辣味
维纶	收缩、熔融	燃烧	继续燃烧	松脆黑色硬块	特殊甜味
丙纶	缓慢收缩	熔融、燃烧	继续燃烧	硬黄褐色球	轻微沥青味
氨纶	收缩、熔融	熔融、燃烧，有大量黑烟	不能延烧	松脆黑色硬块	有氯化氢臭味

（3）显微镜观察法

借助显微镜观察纤维的纵向外形和截面形态特征,对照纤维的标准显微照片和资料,可以正确地区分天然纤维和化学纤维。这种方法适用于纯纺、混纺和交织产品。

（4）溶解法

化学溶解法是利用各种纤维在不同的化学溶剂中的溶解性能来鉴别纤维的方法。这种方法适用于各种纺织材料。鉴别时,对于纯纺织物,把一定浓度的溶剂注入盛有待鉴别纤维的试管中,然后观察纤维在溶液中的溶解情况,如溶解、微溶解、部分溶解和不溶解等,并仔细纪录溶解温度,如常温溶解、加热溶解、煮沸溶解。对于混纺织物,需把织物先分解为纤维,然后放在凹面载玻片中,一边用溶液溶解,一边在显微镜下观察,观察两种纤维的溶解情况,以确定纤维种类。

在用溶解法鉴别纤维时,应严格控制溶剂的浓度和溶解时的温度,见表 1.1.6。

表 1.1.6　各种纤维的溶解性能

纤维种类	37%盐酸 24℃	75%硫酸 24℃	5%氢氧化钠煮沸	85%甲酸 24℃	冰醋酸 24℃	间甲酚 24℃	二甲基甲酰胺 24℃	二甲苯 24℃
棉	I	S	I	I	I	I	I	I
羊毛	I	I	S	I	I	I	I	I
蚕丝	S	S	S	I	I	I	I	I
麻	I	S	I	I	I	I	I	I
黏胶纤维	S	S	I	I	I	I	I	I
醋酯纤维	S	S	P	S	S	S	S	I
涤纶	I	I	I	I	I	S	I	I

续表

纤维种类	37％盐酸 24℃	75％硫酸 24℃	5％氢氧化钠煮沸	85％甲酸 24℃	冰醋酸 24℃	间甲酚 24℃	二甲基甲酰胺 24℃	二甲苯 24℃
锦纶	S	S	I	S	I	S	I	I
腈纶	I	SS	I	I	I	I	S	I
维纶	S	S	I	S	I	S	I	I
丙纶	I	I	I	I	I	I	I	S
氨纶	I	I	I	I	I	I	S	i

注 S——溶解；SS——微溶；P——部分溶解；I——不溶解。

（5）药品着色法

药品着色法是根据各种纤维对不同化学药品的着色性能的差别来迅速鉴别纤维的一种方法，只适用于未染色产品。有通用和专用两种着色剂。通用着色剂由各种染料混合而成，可对各种纤维着色，再根据所着颜色来鉴别纤维；专用着色剂是用来鉴别某一类特定纤维的。通常采用的着色剂为碘-碘化钾溶液，还有 1 号、4 号和 HI 等若干种着色剂。各种着色剂和着色反应参见表 1.1.7、表 1.1.8。用此法鉴别纤维时，为了不影响鉴别结果，应先除去待测试样上的染料和助剂。

表 1.1.7　几种纤维的着色反应

纤维种类	着色剂 1 号	着色剂 4 号	杜邦 4 号	日本纺检 1 号
纤维素纤维	蓝色	红青莲色	蓝灰色	蓝色
蛋白质纤维	棕色	灰棕色	棕色	灰棕色
涤纶	黄色	红玉色	红玉色	灰色
锦纶	绿色	棕色	红棕色	咸菜绿色
腈纶	红色	蓝色	粉玉色	红莲色
醋酯纤维	橘色	绿色	橘色	橘色

注 1. 杜邦 4 号为美国杜邦公司的着色剂。
　　2. 日本纺检 1 号是日本纺织检验协会的纺检着色剂。
　　3. 着色剂 1 号和着色剂 4 号是纺织纤维鉴别试验方法标准草案所推荐的两种着色剂。

表 1.1.8　常见纤维的着色反应

纤维种类	HI 着色剂着色	碘-碘化钾溶液着色	纤维种类	HI 着色剂着色	碘-碘化钾溶液着色
棉	灰	不染色	维纶	枚红	蓝灰
麻	青莲	不染色	锦纶	酱红	黑褐
蚕丝	深紫	浅黄	腈纶	桃红	褐色
羊毛	红莲	浅黄	涤纶	红玉	不染色
黏胶纤维	绿	黑蓝青	氯纶	—	不染色
铜氨纤维	—	黑蓝青	丙纶	鹅黄	不染色
醋酯纤维	橘红	黄褐	氨纶	姜黄	—

注 1. 碘-碘化钾饱和溶液是将碘 20 g 溶解于 100 mL 的碘化钾饱和溶液。
　　2. HI 着色剂是东华大学和上海印染公司共同研制的一种着色剂。
　　3. —代表色彩不确定。

（6）熔点法

熔点法是根据合成纤维的不同熔融特性,在化纤熔点仪上或在附有加热台的测温装置的偏振光显微镜下观察纤维消光时的温度来测定纤维的熔点。这种方法不适用于不发生熔融的纤维素纤维和蛋白质纤维,而且不单独使用。各种合成纤维的熔点见表1.1.9。

表 1.1.9　各种合成纤维的熔点

	棉	羊毛	蚕丝	锦纶6	锦纶66	涤纶	腈纶	维纶	丙纶	氯纶
熔点（℃）	—	—	—	210～224	250～258	255～260	不明显	225～239	163～175	202～204

7. 红外吸收光谱鉴别法

各种材料由于结构基团不同,对入射光的吸收率也不相同,对可见的入射光会显示不同的颜色。利用仪器测定各种纤维对红外波段各种波长入射光的吸收率,可以得到各自的红外吸收光谱图。这种鉴别方法比较可靠,但要求有精密的仪器,因此应用不普遍。

此外,鉴别纤维的方法还有双折射法、密度法、X射线衍射法等。

2. 面料的正反面鉴别

服装所用材料的品种、花色数不胜数,从事服装工作的人员应该正确地判断出原料组织、结构、品种、织物加工工艺特点等,以便合理地选用各种服装材料设计服装、正确裁剪、缝制及保管等。

不同的原料、组织、织造及整理加工工艺使织物具有不同的正反面,因此,应正确判断出织物的正反面,为正确裁剪及穿用提供依据。一般情况下,织物正面光洁清晰,特征明显,且优质原料暴露在表面。

① 按织物的组织纹理鉴别,见表1.1.10所示。

表 1.1.10　不同组织纹理的织物正面特征

织物类别	表面特征（正面）
平纹织物	匀净、光滑、平整
斜纹织物	斜纹纹路清晰,质地饱满
缎纹织物	表面光滑,光泽柔和,质地饱满细腻
提花织物	花纹突出清晰,质地饱满,色泽均匀,花地组织清晰
起毛织物	单面起毛时正面有绒毛,双面起毛时正面绒毛光洁整齐
绉织物	颗粒组织或绉线而形成的绉效应明显
毛巾织物	表面有均匀的毛圈
纱罗织物	表面有清晰的纱孔
双层织物	表面精细平整而饱满,质地厚重

② 按布边进行鉴别。如果布边上有文字、针眼等标记,以突出这一标记的一面作为正面。

③ 如果是特殊外观风格的面料,则以突出这一外观风格的一面作为正面。

④ 按戳、印进行鉴别。如果织物上有戳、印,则外销产品的戳、印在正面,内销产品的戳、

印在反面。

⑤ 按卷装形式进行鉴别。市面上出售的面料通常是卷状的,一般卷在里面的是正面。

通过生产实践活动,还会总结很多鉴别方法,这里不一一赘述。

3. 经纬向的鉴别

对经纬向判断的正确与否影响到服装加工工艺与造型设计,经纬向确定依据是:

① 平行于布边方向的系统纱线为经向,垂直于布边方向的系统纱线为纬向。

② 长丝和短纤维纱分别做经纬时,一般长丝做经、短纤维纱做纬。

③ 半线或凸条织物,一般股线或并股纱做经。

④ 毛圈织物以起毛圈纱线为经线。

⑤ 加捻与不加捻丝线分别作做纬时,一般加捻方向为经向。

4. 织物的组织鉴别

织物的不同组织结构具有不同的特征和性能,从而影响到服装的裁剪和穿用,因此必须在短时间内正确地分析出组织类别。各种组织结构类别很多,在实际工作中,除参考一定方法外,还应逐步积累经验,准确地摸索出组织规律及其特点,以便更好地利用好各种服装材料。

在对组织进行分析中,常用的工具是照布镜、分析针、剪刀及颜色纸等。常用的方法是"拆拨法"。分析织物组织就是找出经、纬丝线的交织规律,确定是何种组织类型。一般对密度较小、丝线较粗、组织较简单的织物,可用照布镜直接观察,画出组织图。而对密度较大、丝线较细、组织较复杂的织物,则用拆拨法来分析。所谓拆拨法就是利用分析针和照布镜,观察织物在拨松状态下的经、纬交织规律。具体步骤如下:

① 确定拆拨系统:一般拆密度大的系统,容易观察出交织规律。如经密大于纬密,应拆经线。

② 确定出织物的正反面,以容易看清组织点为原则。如为经面缎纹组织,以拆纬面为好。

③ 将布样经、纬线沿边缘拆去 1 cm 左右,留出丝缨,便于点数。然后在照布镜下,用针将第一根经线(或纬线)拨开,使其与第二根经线(或纬线)稍有间隙,置于丝缨之中,即可观看第一根经线(或纬线)的交织情况,并把观察到的交织情况纪录在方格纸上,然后把这一根纱线拆掉。用同样的方法分析第二根纱线,第三根纱线……以分析出两个或几个组织循环为止。注意分析的方向应与方格纸方向一致,否则有误。

几点参考说明:

① 一般单经单纬简单组织,包括平纹、斜纹、重平、小提花、纱罗等组织,可按上述方法,逐一分析出经向和纬向组织。

② 缎纹组织:先用照布镜确定出组织循环数和经纬效应,包括经线循环及纬线循环,然后拆拨出 2～3 根经线或纬线,即可确定出经向飞数或纬向飞数,再根据经纬线循环数和飞数画出整个组织图,不规则缎纹组织需逐根拆拨分析出结果。

③ 重组织和双层组织:重经组织一般拆经线而不拆纬线,重纬组织一般拆纬线而不拆经线,重经重纬或双层组织,经纬两个方向都要拆拨。需灵活对待。

④ 绉组织:一般简单的经纬循环且绸面可看出规律的,按单经单纬简单组织处理。

⑤ 纹织物(大提花织物)的组织分析比素织物容易,不必逐根拆线,只需分别拆出地部和花部的组织即可。

5. 织物密度分析

织物的密度分为经密和纬密,一般以 10 cm 长度内经纱或纬纱的排列根数表示。织物密度的大小,直接影响到织物的外观、手感、厚度、强力、透气性、保暖性、耐磨性,还对服装的缝制工艺和穿用寿命有影响。通常,织物越密越不易纰裂,穿用寿命越长,但通透性差。经纬密度的测定方法有三种:

（1）拆线法

在织物的相应部位剪取长宽各符合最小测定距离的试样,拆去试样边部的断纱,小心修正试样到 5 cm 的长宽,然后逐根拆下点数,再换算成 10 cm 长度内经纱或纬纱的根数。

（2）直接测量法

借助照布镜或密度分析镜来完成。分析时,将仪器放在展平的布面上,查取 10 cm 中的经纱或纬纱的根数,为了准确起见,可取布面的 5 个不同部位来测,计平均值。

（3）间接测量法

这种方法适用于密度大或丝线细且有规律的高密度织物。首先数出一个循环的经线(或纬线)根数,然后乘以 10 cm 内的组织循环个数。

织物的各项分析对材料的选择有很大的指导作用,必须认真细致地完成。如有其他需要,可查阅有关书籍或手册。

第二节 服装辅料

服装辅料是指在服装中除了面料以外的所有其他材料的总称。其内涵越来越被人们重视和理解。如果将一件衣服比作一栋建筑物,辅料就是其中的梁和柱、门和窗,是构成服装的基础。根据服装材料的基本功能和在服装中的使用部位,服装辅料主要包括服装里料、服装填絮料、服装衬料、服装垫料、线、紧扣材料、商标及标记等。

服装辅料对服装起着辅助和衬托的作用。辅料与面料一起构成服装,共同实现服装的功能。现代服装特别注意辅料的作用及其与面料的协调搭配,而且辅料对服装的影响力也越来越大,已成为服装材料不容忽视的重要组成部分。服装辅料分类见表 1.2.1。

表 1.2.1 服装辅料的分类

里料	天然纤维织物(棉布、真丝绸)
	化学短纤维或长丝织物(尼龙绸)
	混纺和交织织物(人造毛皮、驼绒布等)
填絮料	天然絮料(棉花、丝绵、驼绒、羊绒、羽绒等)
	化纤絮料(腈纶棉、太空棉、金属棉等)

续表

	毛衬(黑炭衬、马尾衬)
衬料	棉衬
	麻衬
	纸衬
	化学衬(黏合衬)
垫料	肩垫(海绵、针刺棉)
	胸衬(机织、非织造)
	领衬(机织、针织、针刺棉)
线料	缝纫线(棉、化纤等)
	工艺装饰线(绣花线、编结线、金银线等)
	特种用线(医用线、阻燃线等)
紧扣材料	拉练(金属、塑料、螺旋)
	扣件
	带类(松紧带、罗纹带、搭扣等)
装饰花边	编织花边、水溶性花边、经编花边、机织花边等
商标、标志	商标(纺织品、纸编织物、金属等)
	标志(品质、使用、尺码、环保等)

一、服装里料

里料是指服装最里层的材料,是为了补充只用面料不能获得服装的完备功能而加设的辅助材料,通常称里子或夹里,一般用于中高档服装、有填充料的服装及面料需要加强支撑的服装。使用里料的服装大多可以提高服装的档次,增加其附加值。

1. 里料的作用

① 保护面料和穿脱方便。有里料的服装可以防止汗渍浸入面料,减少人体或内衣与面料的直接摩擦,延长面料的使用寿命。另外,光滑的里料对面料较为粗涩的服装在穿脱时可起到顺滑的作用,使服装穿脱方便。

② 遮盖接缝,使服装美观。服装的里料可以遮盖不需外露的缝头、毛边、衬布等,使服装整体更加美观,并获得较好的保型性。

③ 塑形和保暖。里料可以使服装具有挺括感和整体感,特别是面料轻薄柔软的服装,可以通过里料来达到坚实平整的效果,增加立体感。带里料的服装还可以增加厚度,对人体起到一定的保暖性和防风作用。

2. 常用的里料

里料的材料主要有棉织物、再生纤维织物、合成纤维织物、涤棉混纺织物、丝织物及人造丝织物。当前用量较多的是以化纤为材料的里子绸。面料与里料有时并非严格区分,如腈纶织物、黏胶织物、人造毛皮等既能用于冬季防寒服的里料,又能做面料。

3. 里料的选用

里料的选择必须与面料相匹配,同时还要与服装款式相协调,在选配时考虑以下几方面内容:

① 里料的颜色一般与面料相协调,尽量采用同色或近色,特殊情况除外。通常里料颜色不能深于面料颜色,浅色面料应配浅色或无色里料。

② 里料的性能应与面料相配伍,即里料的缩水率、耐热性、耐洗涤性、强度及色牢度等性能应与面料相同或接近,保证服装洗涤后不变形、不沾色,有较长的使用寿命。

③ 里料的吸湿性、透气性要好,尽可能选用轻柔光滑、易穿脱的织物。

除了考虑这几方面,还应注意里料的材质和价格。一般较厚的面料应配质地相当的美丽绸、羽纱等,质地较软的面料选用柔软的里料可真实地体现款式风格,若配硬挺的里料,则可改变面料在服装中的效果。另外,里料的使用价值和经济价值应与面料相当,在满足穿着的基础上,里料的价格一般不超过面料的价格。

二、服装填絮料

服装填絮料是用于面料和里料之间的材料,目的是赋予服装保暖性、保型性和功能性,常用的有棉絮、羽毛、驼绒等。近年来,随着化纤品种的发展,一些轻质、保暖的涤纶中空纤维、腈纶棉及金属棉也颇受欢迎,为广大消费者提供了极大的选择余地。

1. 纤维材料

① 棉纤维。新棉和暴晒后的蓬松棉因进入了大量的静止空气而十分保暖,舒适柔软,价格低廉,但棉纤维弹性差,受压后弹性和保暖性下降,而且水洗后难干,易变形,所以常常用于婴幼儿及中低档服装的填絮料。

② 动物毛、绒,主要包括羽绒、羊毛和骆驼绒等,是高档的保暖填絮料。羽绒主要有鸭绒、鹅绒、鸡绒等。羽绒的导热系数小,蓬松性好,是深受欢迎的絮料,但制作前应进行洗涤消毒处理。另外,羽绒资源紧俏,价格昂贵,而且做工工艺要求高,否则羽绒毛梗外扎。羊毛和骆驼绒保暖性好,但易毡结,混以部分化学纤维,效果更好。

③ 丝绵。丝绵的长度、牢度、弹性和保暖性都优于棉花,且密度小,是冬季丝绸服装的高档填絮料。由于丝绵光滑、柔软、质量轻而保暖,因此穿着舒适,但价格高,只用于高档丝绸服装。

④ 化纤。随着化纤的发展,用作填絮材料的品种也日益增多。轻而保暖的"腈纶棉"被广泛应用;中空涤纶的手感、弹性和保暖性均佳,所以中空棉很流行;一般常把丙纶与腈纶或中空涤纶混合做成絮片,经加热后丙纶会熔融黏结周围的腈纶或涤纶,从而形成厚薄均匀、不脱散、水洗易干、加工方便的絮片。目前,应用最广泛的化纤絮料当属喷胶棉,喷胶棉类产品是由三维中空纤维为主要原料加工而成,具有质轻、保暖、耐水洗等特点,比较广泛地用于床上用品、家居用品、服装的填絮料。

2. 泡沫塑料

泡沫塑料有许多贮存空气的微孔,轻而蓬松保暖。用泡沫塑料作填絮料的服装,挺括富有弹性，裁剪加工简便，价格便宜，但它不透气，舒适性差且容易老化发脆，因此未广泛采用。

3. 混合填絮料

为了降低使用羽绒的成本，国外研究出以 50% 的羽绒和 50% 的 0.33~0.55 dtex 细旦涤纶混合使用，可获得良好的保暖效果。这种使用方法如同在羽绒中加入骨架，提高保暖性并降低成本。还有采用 70% 的驼绒和 30% 的腈纶混合的填絮料，兼顾两种纤维的特性，降低成本且提高保暖性。

4. 特殊功能填絮料

为了使服装达到某种特殊功能而采用具有特殊功能的填絮料。如在宇航服中为了达到防辐射的目的，使用消耗性散热材料作为服装的填充材料，在受到辐射热时，可使这些特殊材料升华，进行吸热反应。各种新技术的不断应用，为人们御寒保暖提供了许多新产品。

三、服装衬料

服装衬料即衬布，位于面料和里料之间，可以是一层或几层，是服装的骨骼和支撑，多用于服装的前身、肩、胸、领、袖口、袋口、腰、门襟等部位，对衬托体型、完善服装造型有很重要的作用。

1. 衬料的作用

（1）塑造服装完美造型

衬料能对服装起到衬托、支撑、造型的作用，使服装获得良好的造型。如西服的胸衬、肩衬可使服装平挺、宽阔或饱满圆顺。

（2）保持服装尺寸稳定

例如服装前襟、领口、袋口在穿着时易拉伸变形，用衬后会使面料不易被拉伸，保证了服装形状和尺寸稳定；在领口、袖窿等形状弯曲、丝缕倾斜的部位，使用牵条衬可以保证尺寸稳定。

（3）提高服装耐用性

衬可使服装多了一层保护层，面料不致过度拉伸，从而使服装更为耐穿。

（4）增加保暖性

例如用于睡袍的衬，其主要目的就是保暖。

（5）改善加工性

真丝面料、单面薄型针织面料等在缝纫过程中，不易握持，难以加工，用衬后可以改善这一情况。

（6）折边清晰、笔直

在服装折边处用衬，可以使折边更加清晰、笔直。

2. 衬料的分类

衬料的分类方法很多，大致有以下几种：

① 按衬的使用原料，可分为棉衬、麻衬、毛衬（黑炭衬、马尾衬）、化纤衬（树脂衬、黏合衬）和纸衬等，见表 1.2.2 所示。

② 按使用对象，可分为衬衣衬、外衣衬、裘皮衬、鞋靴衬、丝绸衬、绣花衬等。

③ 按使用方式和部位,可分为衣衬、胸衬、领衬、腰衬、折边衬、牵条衬等。

④ 按衬的厚薄和质量,可分为厚重型衬(160 g/m^2 以上)、中型衬($80 \sim 160 \text{ g/m}^2$)与轻薄型衬($80 \text{ g/m}^2$ 以下)。

⑤ 按加工和使用方式可分为黏合衬和非黏合衬。

⑥ 按底布可分为有纺衬(机织衬、针织衬)和无纺衬(非织造衬)。

表 1.2.2　服装衬料的分类

棉、麻衬	棉衬分软衬(未上浆)和硬衬(上浆)
	麻衬分纯麻布衬和混纺麻布衬
马尾衬	普通马尾衬分树脂整理与未树脂整理
	包芯纱马尾衬
黑炭衬	硬挺型分上浆衬与树脂整理衬
	薄软型分树脂整理衬与低甲醛树脂整理衬
	夹织布型分包芯纱马尾夹织与黏纤夹织
	类碳型分白色与黑色
树脂衬	麻织衬
	全棉衬
	化纤混纺衬
	纯化纤衬
黏合衬	非织造黏合衬
	梭织黏合衬
	针织黏合衬
	多段黏合衬
	黑炭黏合衬
	双面黏合衬
腰衬	裁剪型衬
	防滑编织衬
领带衬	毛型类
	化纤类
非织造衬	一般非织造衬
	水溶性非织造衬

3.各类衬布的特点

(1) 棉衬、麻衬

棉衬为平纹组织,分软衬和硬衬两种,采用中高特棉纱织成本白棉布,不加浆或加浆料制成;麻衬用麻平纹布或麻混纺平纹布制成,麻刚度大,有较好的硬挺度。棉、麻衬是传统衬料,用于西装、大衣、制服等类服装的前身、门襟等处,但由于棉、麻衬厚重,易缩水,易起皱,故目前已很少使用。市场上还有麻衬销售,这种麻衬又叫法西衬,是由纯棉平布涂树脂胶而制成,是西装、大衣的主要用衬。

（2）马尾衬

马尾衬又叫马鬃衬,分普通马尾衬和包芯纱马尾衬。经纱多用棉或棉混纺纱线,纬纱用马尾、粗羊毛或其他动物毛,幅宽只能达到45~55 cm,20世纪90年代研制开发了棉包芯纱马尾衬,使马尾通过缠绕连接起来,不再受幅宽的影响,可用织机织造,大大提高了生产效率。马尾衬是平纹织物,布面稀疏,手感硬挺,弹性很好,多用于高档服装中。

（3）黑炭衬

又称毛衬,由动物纤维（牦牛毛、粗羊毛等）或毛混纺纱为纬纱、棉或混纺纱为经纱加工成底布,再经烧毛、定型、柔软、硬挺整理等加工而成。由于黑炭衬经纱密度较稀,纬纱采用毛纱,因此黑炭衬经向悬垂性好,纬向弹性好。黑炭衬多用于外衣类服装,并以毛料服装为主,男女西服、套装、制服、大衣、礼服等都要使用黑炭衬,使服装造型丰满、合体、挺括。

（4）树脂衬

树脂衬是指对纯棉或混纺棉、纯麻或混纺麻、化纤等平纹布浸轧树脂胶而制成的衬料。这种衬硬挺度和弹性均好,耐水洗,不回潮,但手感板硬,主要用于领、克夫、口袋、腰等部位。渐渐被热熔衬所代替。

（5）非织造衬布

非织造衬布是近代迅速发展起来的一种不经纺纱织布而形成的纤维网材料,分为一般非织造衬布和水溶性非织造衬布,跟传统衬布相比,具有质量轻、裁剪后切口不脱散、缩率小、回弹性好、保暖性好、透气性好、价格低廉等优点,但也存在一些缺点,比如不耐搓洗、抗拉强度低、硬挺性不如机织底布。

一般非织造衬布是将非织造布直接用作衬布,现在大部分已被黏合非织造衬布所代替,但在针织服装、轻便服装、风雨衣、羽绒服、童装上仍有使用,分为薄（15~30 g/m²）、中（30~50 g/m²）、厚（50~80 g/m²）三种类型。

水溶性非织造衬布是指由水溶性纤维和黏合剂制成的特种非织造布,它在一定温度的热水中迅速溶解而消失,主要用作绣花服装和水溶花边的底衬,故又名绣花衬。

（6）黏合衬

黏合衬的出现和应用使传统的服装加工业发生了巨大的变革,它简化了服装的缝制工艺,提高了缝制水平和速度,使服装获得轻盈、挺括、舒适、保型等多方面的效果,大大提高了服装的外观质量和内在品质。

黏合衬是第二次世界大战后发明的,当时各国由于受战争的影响,百废待兴,服装行业也是如此,人们急需大量的丰富多彩的服装,而不再是军服。1850年,第一台金属缝纫机的诞生为服装的成衣化生产提供了有利的条件,但还不够,还需要服装工艺条件的改善——即黏衬过程的改善,经过纺织、服装、机械、化工等行业的技术人员的共同努力,1952年英国人坦纳采用聚乙烯为原料,以撒粉的方法涂布在织物上制成黏合衬布,并于1958年转入工业化大生产。我国在20世纪70年代中期开始使用黏合衬,20世纪80年代是我国黏合衬生产和应用大发展时期,黏合衬产品逐步向系列化、高档化方向发展。进入20世纪90年代,随着服装工业的进一步发展,衬布的需求量迅速增长。衬布生产在数量上满足了要求,但在品种和质量上还滞后于人们对服装的要求,因此发展质量稳定的高档衬布势在必行。我国是服装生产、出口大国,也是世界上生产黏合衬数量最多的国家。但是我国的黏合衬行业技术水平较低,大多数产品仍属于中低档次,甚至出现了一些低劣产品,严重破坏了黏合衬的声誉,给服装生产者和消费者造成了损失。由于档次偏低,出口服装和内销高档服装生产用的多种黏合衬布,特别是高档薄型非织造布黏衬,仍需从德国、英国、美国、日本等国进口,并且出现连年增长的趋势。黏合衬的品种很多,分类方法也有多种,黏合衬的分类见表1.2.3。

表 1.2.3　黏合衬的分类

按底布种类分	分为机织黏合衬、针织黏合衬、非织造布黏合衬
按热熔胶类别分	分为聚酰胺(PA)黏合衬、聚乙烯(PE)黏合衬、聚酯(PET)黏合衬等
按热熔胶涂层方式分	分为粉点黏合衬、浆点黏合衬、双点黏合衬、撒粉黏合衬等
按黏合衬的用途分	分为衬衫黏合衬、外衣黏合衬、丝绸黏合衬、裘皮黏合衬

4. 黏合衬的基本情况

黏合衬是热熔黏合衬的简称,是以机织物、针织物、非织造布为底布,以一定方式涂热溶胶而制成的,使用时经压烫与面料结合在一起。因此,黏合衬的基本性能主要取决于底布、热溶胶和涂层方式。

(1) 底布

服装用黏合衬的底布有三大类:机织物、针织物、非织造布。通常,习惯称以机织物、针织物为底布的黏合衬为有纺衬,称以非织造布为底布的黏合衬为无纺衬。机织底布的衬布尺寸稳定性好,经硬挺整理后挺括而富有弹性,不皱不缩;经柔软整理后,手感柔软,悬垂性好。针织底布的衬布大部分都有较好的尺寸稳定性、优良的悬垂性和柔软的手感。无纺衬质量轻,弹性好,裁减缝纫简便,透气性好,价格低廉,约占黏合衬总量的60%,但它的强度较低。

(2) 热熔胶

热熔胶是一种高分子聚合物的固态黏合剂,不含水分和溶剂,受热时,自身熔融成一种黏流体,浸润织物表面,与底布结合,冷却后,两者固结在一起。它有适当的熔点范围,耐氧化、耐腐蚀、耐洗涤,无毒、无色、无味,有一定的剥离强度。

常用的热熔胶黏合衬有四大类:

① 聚酰胺(PA)热熔胶黏合衬

PA胶有良好的黏合性能和手感,既耐干洗又耐水洗,常用于男女服装的外衣用衬,应用广泛。

② 聚乙烯(PE)热熔胶黏合衬

分为高密聚乙烯衬和低密聚乙烯衬。高密聚乙烯衬必须在较高的温度和较大的压力下才能获得较好的黏合效果,有很好的耐水洗性,耐干洗性略差,多用于男衬衫的领衬;低密聚乙烯衬用普通的黏合压力或熨斗即可黏合,但不能干洗和热水洗,故常用于多水洗、少干洗的服装。

③ 聚酯(PET)热熔胶黏合衬

有很好的耐水洗性和耐干洗性,黏合温度为140～160 ℃,对涤纶面料的黏合效果好。

④ 聚氯乙烯(PVC)热熔胶黏合衬

有足够的黏合强度和较好的耐水洗性,但黏合条件要求高,易老化,所以除了防雨服外,应用不多。

此外,还有乙烯-醋酸乙烯(EVA)热熔胶黏合衬和聚氨酯(PU)热溶胶黏合衬等,但由于性能、价格等因素的影响,目前使用不多。

(3) 热熔胶的涂层方式

将热熔胶按一定方式转移到底布上,称为涂层方式。它直观反映热熔黏合衬上胶粒的形状。胶粒按一定的间距排列,把横向 2.54 cm 中胶粒的个数称为目数。目数越高,胶粒分布越密,黏合越牢。黏合衬的涂层形状如图 1.2.1 所示。

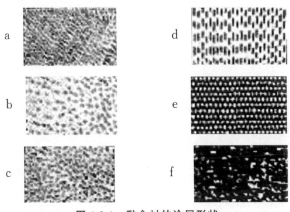

图 1.2.1　黏合衬的涂层形状

① 有规则点状黏合衬。热熔胶的胶粒按一定的间距排列,粉点法和浆点法常常用于生产此类衬布。

② 无规则撒粉状黏合衬。热熔胶的胶粒大小和间距均无一定规律。用撒粉法生产此类衬布,工艺比较简单,适合于暂时性黏合。

③ 计算机视屏点状黏合衬。热熔胶的胶粒之间的距离相等,但排列没有规律,浆点无纺黏合衬常采用此种几何形状,可获得较好的黏合效果。

④ 有规则断线状黏合衬。热熔胶的胶体呈有规则的断线状分布。

⑤ 裂纹复合膜状黏合衬。热熔胶为一层薄膜复合在底布上,薄膜间有六角形裂纹,以保证底布的透气性。这类衬布黏合强度高,但手感很硬,目前只限于做黏合领衬。

⑥ 网状黏合衬。有两种形式,一种是将热熔胶本身制成网状的无纺布,成为双面黏合衬;另一种是以熔喷法呈网状涂在底布上。

(4) 黏合衬的起绒工艺

对黏合衬的底布进行拉绒处理,表面形成均匀小绒毛,这样面料与衬布黏合压烫时,绒毛被热熔胶所固定,会增加一定的剥离强度,可以防止压烫时渗胶,而且底布起绒可以增加柔软度,改善手感,增加悬垂性。一般外衣用衬都需要进行起绒。

(5) 黏合衬的质量要求

衬的质量直接影响服装的质量和使用价值,其质量的好坏表现在内在质量和外在质量两个方面。其中内在质量包括剥离强度、水洗和干洗后的尺寸变化。外在质量主要指衬布表面的疵点和产生胶粒情况,具体要求如表 1.2.4 所示。

表1.2.4　衬的质量要求

质量项目			机织衬（衬衣用）	机织衬（外衣）	无纺衬
剥离强度（不低于）(cN)			18	12	8
干热尺寸（不低于）(mm)		经向	−1.0	−1.5	−1.5
		纬向	−1.0	−1.0	−1.5
水洗尺寸（不低于）(mm)		经向	−1.5	−2.5	−1.3
		纬向	−1.5	−2.0	−1.0
外观变化（不低于）	水洗	次数	5	2	2
		等级	4	4	4
	干洗	次数	——	5	5
		等级	——	4	4
黏合后洗涤尺寸变化		经向	−2.0	−3.0	
		纬向	−2.0	−2.5	
断裂强力不低于坯布		经向		60%	60%
		纬向		50%	50%
渗料性能			不渗料	不渗料	不渗料
抗老化性能			抗老化	抗老化	抗老化

其中剥离强度是非常重要的一个指标,是指面料黏衬后面料与衬料的分离难度,是衡量服装质量好坏的内在因素之一。一切服装生产活动及科学研究都必须在满足黏衬质量要求的前提下进行,否则将失去意义。

简化表1.2.4,黏合衬的质量要求如下:

① 黏合要牢,须达到一定的剥离强度。

② 耐洗涤,无论干洗还是水洗,在一定次数内不脱胶。

③ 黏合衬经过洗涤或热压黏合后,外观不泛黄,尺寸变化要小。

④ 压烫后,表面无渗胶现象。

⑤ 黏衬后,缝制、剪切时不沾污机针和刀片。

（6）黏合衬的标记

根据国家1989年颁布的《服装衬布产品标记的规定》,衬布标记由两部分组成:

英文字母 ＋ 3位数字×1×2×3

其中:英文字母是底布材料的代号;

数字×1是底布类别的代号;

数字×2是热熔胶胶型的代号;

数字×3是涂层方式的代号。

例如TC233衬布表示的含义为:底布是涤棉机织物,热熔胶是PA胶,涂层方式为粉点法。

（7）黏合衬的选用

选择合适的黏合衬主要是为了解决面料与黏合衬的合理配合问题。由于黏合衬的品种繁多，且性能各异，面料在纤维、组织、经纬密度、质量、厚度、手感等方面也千差万别，因此，必须按使用目的和材料正确选择黏合衬，使服装达到完美的效果。黏合衬选择方法的基本思想在于保证使用黏合衬后，服装消费者穿用时不仅适型优美，而且要确保不发生质量事故。黏合衬的选择可按下列顺序进行：

① 首先确认所制服装的四个条件，即：服装所用面料、款式、用衬部位要求及服装档次和用途，然后预选黏合衬。

② 预选黏合衬时要考虑热熔胶的影响。不同的热熔胶，其性能不同，适合不同的服装及部位，一般外衣用衬使用 PA 胶黏合衬，衬衫领衬使用高密 PE 胶黏合衬等。例如棉布、化纤服装以水洗为多，穿着周期短，可选用 PE、PET 胶热熔黏合衬；呢绒类服装以干洗为主，要求有较好的保型性，手感柔软有弹性，穿用周期长，一般选用 PA 胶黏合衬；裘皮、皮革类服装不宜高温压烫，因此应选用低熔点的 PA 胶黏合衬和低密 PE 胶黏合衬。除了考虑胶型的种类外，还要注意热熔胶的分布及胶质的好坏。这一情况可用外观来判定，要保证达到热熔胶分布无偏胶、漏胶现象，不扎手、不掉胶粒，以白色为好。

③ 预选黏合衬时要考虑底布的影响。一般情况下所选用的黏合衬的底布不应有折痕和疵点，底布的性能（厚薄、缩水率、热缩率、色泽、强度等）应与面料相配。例如前身衣片要求造型饱满挺括，尺寸稳定，一般选用有纺衬；服装的底边、袖口、脚口等部位应选用轻薄的无纺衬；厚的面料应选配厚型黏合衬，且要求目数小，胶点分布稀、大。薄的面料应选配薄型黏合衬，且要求目数大，胶点分布细密。

④ 根据价格档次来选配黏合衬。高档服装选配高档黏合衬。

对所预选的黏合衬还应进行如下诸项严格测试：黏合力（剥离强度）；黏合剂渗漏情况；手感变化；面料缩水情况；面料外观变化（变色、发毛、印痕、烫光等）。上述测试项目中，当发生异常情况时，要求改换黏合衬或黏合条件，再度进行黏合试验。若上述测试结果无任何问题，则可决定最终黏合衬的选择。现以男衬衫为例举例说明黏合衬的选配。

男衬衫多用纯棉或涤棉混纺面料，以水洗为主，故应选用耐水洗的高密 PE 胶黏合衬。目前服装生产中常用的男衬衫用衬选配情况见表 1.2.5。

表 1.2.5　男衬衫用衬选配

用衬部位	黏合衬类别	使用方法	目的
上领主衬	机织漂白硬挺衬	比领面小 0.2 cm	造型、保型、硬挺
上领辅衬	机织硬挺衬	比主衬略小，黏于主衬上	造型、保型、硬挺
领尖	领尖硬衬	附于辅料上	硬挺
袖口	机织漂白硬挺衬	黏于袖口面料反面	保型、硬挺
门襟	机织硬挺衬	缝合于门襟上	保型、硬挺

（8）黏合衬的压烫工艺

服装面料与黏合衬布的黏合主要靠黏合设备对衬料所用的黏合胶进行加热、加压而完成。在高热条件下（一般超过热熔胶的熔点温度），热熔胶发生熔融从固态转化为黏流态，且具有一定的热流动性,其经加压后,浸润与扩散到面料的纱线与纱线、纤维与纤维之间,然后冷却固化,成为缝制所需的黏合衣片。黏合工艺参数是指黏合温度 T(℃)、黏合时间 t(s)、黏合压力 P(MPa)。各类黏合衬的压烫工艺参数见表 1.2.6 所示。

表 1.2.6 黏合衬的压烫工艺参数

应用范围	用衬类型	压烫条件		
		黏合温度(℃)	黏合压力(MPa)	黏合时间(s)
外衣	PA	140～160	0.3～0.5	15～20
男女衬衣	PET	140～160	0.3～0.5	10～16
男衬衣	HDPE	160～170	0.3～0.7	10～15
服装小件	LDPE	120～140	0.3～0.5	10～15
皮衣	PA	100～130	0.1～0.4	6～20
裘皮服装	EVA	80～120	0.1～0.3	8～12

四、服装垫料

服装上使用垫料可保持服装造型稳定和修饰人体体型的不足。用垫料的部位很多,但最主要的有胸、领、肩、膝几大部位。

1. 胸垫

胸垫又称胸绒胸衬,主要用于西服、大衣等服装的前胸夹里,可使服装的弹性好、立体感强、挺括、丰满、造型美观、保型性好。早期用作胸垫的材料大多是较低级的纺织品,后来才发展用毛麻衬、黑炭衬做胸垫。随着非织造布的发展,人们开始用非织造布制造胸垫。非织造布胸垫的优点是质量轻,裁后切口不脱散,保型性良好,洗涤后不收缩,透气性好,耐霉性好,价格低廉,使用方便。胸垫应根据服装款式、面料厚薄及面料的特性来选配。

2. 领垫

领垫又称领底呢,是用于服装领里的专有材料。领垫的使用,可使衣领平整、里面服贴、造型美观、增加弹性、便于整理定型、洗涤后不走样。我国的领底呢生产始于 20 世纪 80 年代,主要用于西服、大衣、军服及其他行业制服,可提高服装的档次。

3. 肩垫

肩垫又称垫肩,是随着西服的诞生而产生的,起源于西欧,按材质及特性可分为三大类:

① 针刺垫肩:针刺垫肩以棉絮或涤纶絮片、复合絮片为主,辅以黑炭衬或其他硬挺衬料,用针刺的方法加固而成。这种垫肩厚实而有弹性,耐洗耐压烫,尺寸稳定,经久耐用,适用于西服、制服、大衣等。

② 定型垫肩:定型垫肩是采用 EVA 热熔胶粉作黏合剂,将针刺棉絮片及海绵通过加热黏

合定型而成。这种垫肩质轻而有弹性,耐洗涤性好,尺寸稳定,造型美观,规格品种多样,适用于插肩袖服装、时装、夹克、风衣等。

c.海绵垫肩:海绵垫肩由海绵切削成一定形状而制成,在外面要包上包布。这种垫肩制作方便、轻巧、价格低,但弹性较差,保型性较差,多用于女衬衫、时装、羊毛衫等。

垫肩应根据服装的款式特点和服用性能要求来选用。平肩服装应选用齐头垫肩;插肩一般选用圆头垫肩;厚重的面料应选用尺寸较大的垫肩;轻薄的面料应选用尺寸较小的垫肩;西服、大衣应选用针刺垫肩,使之耐洗耐压烫;时装、插肩袖服装、风衣应选用造型丰满、富有弹性的定型垫肩;衬衫、针织服装可选用轻巧价廉的海绵垫肩。

五、服装固紧材料

服装固紧材料有纽扣、拉链、挂钩、环、尼龙搭扣及绳带等。这些材料在使用时不能破坏服装的整体造型,在某种程度上还应对服装起到修饰作用。

1.拉链

拉链是由两条柔软的可互相啮合的单侧牙链所组成的可以反复开合的连接件。拉链用于服装扣紧时,操作方便,还简化了服装加工工艺,因而使用广泛。

(1)拉链的种类

① 按拉链的结构形态分类

a.闭尾拉链(常规拉链)。闭尾拉链即一端闭合或两端闭合的拉链,根据上面带一个或两个拉头分为单头闭尾式拉链和双头闭尾式拉链。单头闭尾式拉链多为一端闭合,常用于裤子、裙子的开口或领口;双头闭尾式拉链既有一端闭合也有两端闭合的,常用于服装口袋或箱包等。

b.开尾拉链(分离拉链)。开尾拉链即拉链的两端都不封闭,根据上面带一个或两个拉头分为单头开尾式拉链和双头双尾式拉链,常用于前襟全开的服装或可装卸衣里的服装。

c.隐形拉链。隐形拉链由于线圈牙很细,在服装上不明显,主要用于旗袍、裙装等薄型和优雅的女式服装。

② 按构成拉链的原料分类

a.金属拉链。金属拉链通常用铝铜镍锑等金属压制成牙以后,经过喷镀处理,再装于拉链带上。金属拉链颜色受限制,但耐用,主要用于厚实呢服、军服和牛仔服上。

b.注塑拉链。注塑拉链由胶料(聚酯或聚酰胺熔体)注塑而成。塑胶质地坚韧,耐水洗,可染成各种颜色,手感柔软,牙齿不易脱落,是运动服、夹克衫、针织外衣等普遍采用的拉链。

c.尼龙拉链。尼龙拉链是用聚酯或尼龙丝做原料,将线圈状的牙齿缝织于拉链带上。这种拉链轻巧、耐磨而富有弹性。由于尼龙易定型,常用于制造小号码的细拉链,用于轻薄的服装和童装。

(2)拉链的选择和使用

拉链是服装的重要辅料,使用时要与服装相配,以取得与服装主料之间的相容性、和谐性、装饰艺术性和经济实用性。选用时要注意拉链链牙的材质、拉链结构、色泽、长度、强度、拉头的功能等,使之与面料的厚薄、性能和颜色以及使用部位相配伍。

2．纽扣

纽扣除了连接功能之外,更多地体现在对服装的装饰功能上。纽扣以特有的色彩、材质、造型及其在服装上的位置,体现它的作用与价值。

（1）纽扣的种类

纽扣的种类繁多,根据纽扣的材质分为四类,见表1.2.7。

表1.2.7　纽扣的分类

合成材料纽扣	树脂扣、塑料扣、电玉扣、尼龙扣、仿皮纽扣、有机玻璃扣
金属材料纽扣	铜扣、铝扣、组合扣(四件扣、四合扣、按扣、领扣、裤扣、调节扣、工字扣)
天然材料纽扣	贝壳扣、木质扣、布质扣、石质扣、陶瓷扣、宝石扣、玻璃扣
复合纽扣	塑料电镀-尼龙件复合扣、塑料电镀-树脂复合扣、塑料-电镀金属扣

（2）纽扣的选择

纽扣是服装的“眼睛”,选择时要考虑它的色彩、造型、材质等。纽扣的颜色应与面料的颜色统一协调,或者与面料主色相呼应;纽扣的造型应与服装的款式造型谐调;纽扣的材质与轻重应与面料的厚薄轻重相配伍。纽扣的大小应主次有序,纽扣的大小尺寸应与扣眼相一致。

纽扣的尺寸在国际上有统一型号,如果不是圆形的,则测量其最大直径。纽扣型号与纽扣外径尺寸之间的关系为:纽扣外径(mm)＝纽扣型号×0.635。各种型号纽扣的外径尺寸如表1.2.8所示。

表1.2.8　纽扣型号与外径尺寸对照表

纽扣型号	14	16	18	24	28	32	34	36	40	44	54
纽扣外径(mm)	8.89	10.16	11.43	15.24	17.78	20.32	21.59	22.86	25.40	27.94	34.29

六、其他附料

其他附料包括花边、绳带、搭扣、珠片、尺码带、商标、明示标牌、缝纫线等。这些材料对服装具有一定的装饰作用,也影响服装的外观。

1．花边

花边是服装装饰用的带状织物,多用于各种服装的嵌条或镶边。主要分为四大类:机织、针织(经编)、刺绣及编织花边。

（1）机织花边

机织花边由提花机织成,花边质地紧密,立体感强,色彩丰富,图案多样。机织花边有棉线、黏胶丝、锦纶丝、涤纶丝等多种原料,常用于各类女时装、外衣、裙装、童装及披巾、围巾等。

（2）针织花边

针织花边由经编机或钩编机织制而成,也称经编花边或钩编花边,见图1.2.2。它大多以锦纶丝、涤纶丝、黏胶丝、金银丝或花式线为原料,宽度根据用户要求设计。针织花边组织稀松,有明显的孔眼,外观轻盈,分为有牙口边和无牙口边两类。其中钩边花边是目前花边中档次较高的一类,可用于礼服、时装、羊毛衫、衬衫、内衣、睡衣、童装、披肩等服饰上。

图 1.2.2　经编花边

（3）刺绣花边

刺绣花边由手工或电脑绣花机按设计图案直接绣在服装所需的部位,形成花边。刺绣花边色彩艳丽,美观高雅,但受条件限制而使用不多。水溶性花边是刺绣花边中的一类,是由电脑绣花机用黏胶长丝按设计图案刺绣在水溶性非织造底布上,经热水处理,使水溶性非织造底布溶化,留下刺绣花边,见图 1.2.3。水溶性花边图案活泼多样,立体感强,价格便宜,使用方便,用于各类服装及装饰用品。

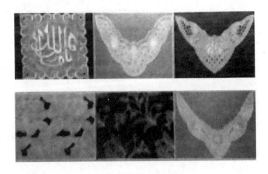

图 1.2.3　水溶性花边

（4）编织花边

编织花边又称线编花边,以棉纱为经纱,以棉纱、黏胶丝或金银线等为纬纱,编织成各种各样色彩鲜艳的花边,见图 1.2.4。编织花边档次较高,常用于时装、内衣、衬衫、羊毛衫、童装、披巾等服饰上。

图 1.2.4　编织花边

2. 绳带

服装上的绳带具有固紧和装饰作用,如运动裤上的绳、连帽服装上的帽绳、风衣上的腰节绳等,品种繁多,常见的有:

(1) 松紧带

松紧带对服装有紧固作用,便于服装穿脱,特别适合一些要求穿脱方便服装使用。分机织和针织两类,主要原料是棉纱、黏胶丝和橡胶丝等,有各种不同的宽度。近几年用氨纶与棉、丝、锦纶丝等不同纤维包芯制得的弹力带已广泛用于内衣中。

(2) 罗纹带

罗纹带属于罗纹组织的针织物,具有较好的弹性。原料有棉、涤、锦、腈、氨纶等,宽度一般为 6 cm,主要用于服装的领口、袖口、下摆等处。

(3) 缎带

缎带以黏胶丝、缎纹组织编织的带状织物,色泽艳丽,手感柔软,无弹性。常用于女衬衫和童装的装饰。

(4) 编织绳

编织绳分有芯和无芯两类。常用原料有黏胶丝、涤纶低弹丝、锦纶丝、棉纱等,一般为素色。其质地紧密,手感柔软,外观有交织纹路,常用于羽绒服、夹克衫、风雨衣、童装的紧扣件或装饰绳。

3. 搭扣

用尼龙为原料的粘扣带,又称尼龙搭扣。由两条不同结构的尼龙带组成,一条表面带圈,另一条表面带钩,当两条尼龙带相接触并压紧时,圈钩就黏合扣紧。常常用于需要方便快速扣紧或开启的服装部位。

4. 尺码带

服装的号型尺码带是服装的重要标记之一,一般用棉织带或人造丝缎带制成,用来说明服装的号型、规格、款式、颜色等。

5. 商标

商标俗称牌子,关系到产品的整体型象和企业形象,常用文字和图案表示。商标的种类很多,根据所用的材料看,有胶纸、塑料、棉布、绸缎、皮革、金属等,制作方法有提花、印花、植绒、压印、冲压等。商标的设计和材料的使用,在当今重视服装品牌的情况下显得尤为重要。

6. 明示牌

服装的明示牌是用来说明服装的原料成分、使用方法、保养方法及注意事项的,如洗涤、熨烫符号、环保标记等,如果服装需要进行特殊整理,也需说明。

第三节　面料、衬料的性能对成衣规格的影响

在服装辅料中,衬料是一种主要的辅料,用于面料和里料之间,是服装的骨骼和支撑,对服装造型、形态保持、尺寸稳定和改善服装的加工性能均有一定的作用,应用于服装的衣领、驳

头、止口、挂面、胸部、肩部、领口、袋口等处。衬料已由第一代的棉、麻、棕等植物衬料演变成第四代的热熔黏合衬(简称黏合衬)。黏合衬是一种在织造或非织造基布上附着一层热熔胶(又称黏合剂)而成的衬布,在一定的压力、温度和时间下能够与面料黏合在一起。黏合衬是基布和热熔胶的结合体,基布有织造(俗称有纺)和非织造(俗称无纺)两大类。其中织造基布又分机织基布和编(针)织基布两种。非织造基布又分各向同性型基布和稳定型基布两种。附在基布上的热熔胶按其表面形状不同可分为粉状、点状、片状、条状、网状及薄膜状等若干类型。机织黏合衬(除黑炭衬外)的基布一般由棉、麻、化纤织成或由这些成分混纺。编织黏合衬的基布一般由化纤织成。黑炭黏合衬的基布一般由棉纱、山羊毛、牦牛毛、人发、化纤等成分交织而成。非织造黏合衬的基布一般是由天然纤维层或化学纤维层经机械和化学加工而形成的纸型布。随着新技术的发展,衬布朝着绿色环保服装衬布、服装非黏合新概念衬布的方向发展。

一、伸缩率的影响

服装材料选择一直是服装生产企业非常重视的事情之一,用科学的方法检测所选面料的性能,是保证服装生产进度和成衣质量的重要前提。从发达国家的服装生产企业所建立的服装材料质量与性能控制系统的情况来看,确定相关的几项性能测试指标,可以在进行生产以前预知服装材料在加工中的行为,并事先采取适当的应对措施,对保证生产进度和避免质量问题都有着非常积极的作用,可以有效地提高企业生产对不同材料的反应速度和产品的竞争能力。

面料的服用性能影响成衣加工过程,最终影响到服装的质量。只有全面掌握面料的服用性能,才能对服装生产的环节进行相应的控制,提高服装的质量。因此,在研究面料对成衣服装的尺寸规格影响时,要先了解其结构性能与品质参数。

服装功能对服装面料的要求实际上反映的是使用者对面料的服用要求,其中每一项要求都和一项或者多项服装材料的物理特性相联系。企业可以通过服装材料的这些特性去判断并分析面料的服用性能。下述材料的部分性能对成衣规格的影响。

面料在受到水和湿热等外部因素的刺激后,纤维从暂时平衡状态转到稳定的平衡状态,在这个过程中发生了伸缩,其伸缩程度就是伸缩率,一般包括自然伸缩率和湿、热收缩率。

自然收缩率是指面料没有任何人为作用和影响,在自然状态下受到空气、水分、温度及内应力的影响所产生的伸缩变化。在梭织物中,产生这种收缩的情况较多。在针织物中,由于针织物是由屈曲的纱线缠绕而成的,故在剪切后,常因失去线圈的相互牵引而产生伸长,并且不同纤维组织而成的材料,伸缩情况也不一样。在成衣加工工艺中,常用水浸、喷水、干烫、湿烫等方法对面料进行处理。由于受到外部这些因素的作用而使面料产生收缩现象,其收缩量同未处理前的尺寸之比称为湿热收缩。在服装的加工过程中,面料和衬布都要发生收缩,如洗涤收缩、热收缩、缝纫收缩等,由于面料和衬布黏合在一起,两者的收缩会相互影响,如果衬布和面料的收缩一致则可保持面料形态不变,如果衬布和面料的收缩不一致则面料会发生卷曲现象。

二、缝缩率的影响

缝缩是指缝制时由于缝针的穿刺动作、缝线的张力、布层的滑动及缝线挤入织物组织的关系,使织物产生横向或纵向的规格变化。皱缩波纹越大则缝缩率越大,缝缩指标对成衣缝制质量影响极大。

三、生产工艺对成衣规格的影响

裁剪、缝制、后整理等生产环节中,所运用的生产工艺对成衣规格有重要的影响。

1. 铺料工艺的影响

铺料时,必须使每层面料都十分平整,布面不能有折皱、波纹、歪扭等情况。如果面料铺不平整,裁剪出的衣片与样板就会有较大的误差。要把成匹面料铺开,同时还要使表面平整、布边对齐,必然要对面料施加一定的作用力,而使面料产生一定的张力。由于张力的作用,面料会产生伸长变形,特别是伸缩率大的面料更为显著。这会影响裁剪的精确度,因为面料在拉伸变形状态下剪出的衣片,经过一段时间,变形会回复原状,使衣片尺寸缩小,不能保持样板要求的尺寸。

2. 裁剪工艺的影响

为保证衣片与样板的一致,必须严格按照裁剪图画出的轮廓线进行裁剪,使裁刀正确划线。要做到这一点,一要有高度的责任心,二要熟练掌握裁剪工具的使用方法,三要掌握正确的操作技术。如果不能满足上述三点要求,则裁剪精度会下降,从而使成衣规格尺寸发生变化。

3. 缝制工艺的影响

缝制工艺中对成衣规格质量造成影响的因素主要有缝纫机械的作用、面料的性能以及缝制时的操作技术等。

缝纫机的性能和工作状态对缝制质量有直接的影响。如上下线张力、送布齿的形状及动程、针板的形状、针的粗细、针尖的造型、压脚的摩擦力和压力、机器的转速及线迹的密度等,都是使成衣规格发生变化的因素。

不同性能的面料经过缝制后产生皱缩的情况不同,一般情况下,轻薄柔软的面料缝制时容易产生缩皱,而针织面料缝制时常产生上下层位移现象。另外,同一面料不同方向的尺寸稳定性不同,因此,车缝方向不同时,产生皱缩的程度也不相同。通常,面料沿经向车缝皱缩较大,而沿纬向车缝皱缩较小。

进行成衣的缝制加工,除了机械作用外,一般需要手工加以辅助。因此,操作时双手的手势与机械配合等也会影响成衣的规格质量。

4. 整烫工艺的影响

整烫中,使面料要吸入一定的水分,并在接触加热器的热表面后水迅速升温并汽化,渗入到织物纤维中,以大大提高织物热传导能力,同时,纤维中的水分子使纤维润湿、膨胀、伸展,并作为"润滑剂"润滑纱线之间的交织点,使织物的变形变得容易。但同时当织物达到可塑温度后,当施加压力超过纤维屈服压力点后,即引起织物纤维的变形,从而引起成衣规格尺寸的变化。

第四节　国内外关于面料性能、黏合温度对热缩率 影响的研究现状

　　SGS(通标标准技术服务有限公司创建于 1887 年,是目前世界上创建时间较早的民间第三方从事产品质量控制和技术鉴定的跨国公司)调查显示,国际纺织服装产品发展的主要趋势为:

　　1950 年,法规要求,主要注重纤维成分、洗涤保养、标签和燃烧性能方面。

　　1970 年,上升到质量的要求,开始注重尺寸稳定性、色牢度和强力、耐磨性能和起毛起球性。从 1970 年起尺寸稳定性作为质量要求的基础,开始受到关注,并对服装的质量要求产生了深远影响。成衣的尺寸稳定与否,决定了成衣使用性能的好坏和价格的高低,是成衣是否具有竞争力的重要因素。无论是服装还是面料,在实际生产过程中,只有对各工序严格把控,才能生产出尺寸稳定的产品,并得到客户的认可。

　　面料的尺寸稳定性对服装来说,具有重要地位。面料是服装的基石,面料性能良好、尺寸稳定,才能使后续制作具有良好的可操作性,是合格服装的重要保障。

　　对于合成面料来说,后整理过程中的热定型处理是面料尺寸稳定性的重要保障。而热定型离不开温度,热定型温度控制得是否得当,直接影响到成品的风格和服用性能,必须加以重视。这对进一步提高产品的质量、增加产量、降低成本、提高劳动生产率,都有很大的意义。在热定型方面,国内外就织物的热定型效果、热定型温度对织物的若干性能的影响等,已有不少研究;在黏合缩率方面,对缩率产生的大小和缩率对样板的规格影响等的研究颇多,主要是分析黏合工艺参数(温度、压力、时间)对黏合后剥离强度的影响,研究黏合衬的原料、加工技术、性能和应用。例如杨艳菲、崔世忠等在 2006 年发表于《西安工程科技学院学报》上的论文"涤纶长丝在染整加工中缩率的变化"和陈少俊、张玉梅、王纪元在 2000 年发表于《河南化工》的论文"热定型对涤纶短纤维性能的影响及工艺条件初探"都有这方面的研究。但是如何将面料热定型的温度和黏衬缩率结合起来研究,并体现在服装的样板制作上,这块内容还属于空白。本文中用试验的方法,对面料性能和黏衬缩率的分析,具有一定的现实意义。它一方面可以指导生产,为工厂做技术参照;另一方面,通过分析黏衬缩率对服装样板的影响,可以使纺织、服装企业合理对接,具有一定的新颖性。服装生产企业必须在测试面料缩率的基础上,对造成面料收缩的原因进行分析,这样就可以针对不同的原因采取相应的措施,防止成衣尺寸的不准确。

　　黏合衬的选择可以按照下列顺序进行:

① 预选黏合衬;

② 设定黏合工艺参数;

③ 黏合检测;

④ 中间整烫检测;

⑤ 做符合产品设计要求的洗涤试验、测试;

⑥ 决定合适的衬布和使用条件。

若上述测试结果无任何问题,则可决定最终黏合衬和黏合条件。

与国际先进水平相比,我国服装业的发展水平不高,在生产过程中还存在很多问题,如规

格尺寸的变化、针损伤等。成衣生产过程中,面料性能、衬料性能及生产工艺对成衣规格有显著影响,特别是遇热后规格尺寸变化对成衣外观质量的影响很大。成衣生产过程中,衣片在黏衬时要受到热的作用,半成品、成品熨烫时也要受到热的作用,在热的作用下,成衣规格会发生变化。因此,为保证成衣规格的准确性、提高成衣的外观质量,研究在热作用下面料尺寸的变化规律是很有必要的。

在成衣生产中,面料受热尺寸变化后会影响成衣整体质量与局部规格变化。因此,了解各种面料遇热后的变化规律,一方面可以有效保证成衣规格的准确性,提高成衣外观质量,解决成衣加工的质量问题;另一方面可以将服装加工中的相关技术信息传达给纺织企业,以实现纺织、服装的合理对接,对服装业的发展有重大意义。目前,关于成衣生产中遇热后面料规格变化的相关研究还未见报道。

第二章

面料在黏衬过程中的热缩率性能分析

第一节　试验检测与测定结果

试验包括材料性能测试、未黏衬和黏衬后面料热缩率的测定两部分内容。面料性能测定了规格、标准回潮率、力学性能等指标,并且测定了衬料的性能指标,以便于掌握不同面料在未黏衬时的热缩率、黏着不同种类衬料时的热缩率与面料性能、衬料性能以及黏衬温度之间的关系,以期为成衣生产提供参考依据。

一、试验材料的准备

1. 试验用面料

面料的种类、厚度、弹性、拉伸性能等对成衣生产质量有着重要的影响,尤其对面料的热缩率有着较大的影响,会直接影响到成衣规格的准确性。综合考虑这些影响因素及试验成本,本研究选取了材料、厚度、组织、弹性差异明显,成衣生产过程中经常使用的4种机织面料作为研究对象。这些面料的特征如表 2.1.1 所示。

表 2.1.1　试验用面料的特征

面料名称	纤维种类	织物组织	厚度	弹性
化纤四面弹	涤纶网络丝	斜纹	中厚	高
毛料	毛	缎背隐条	厚	中
乔其纱	真丝	平纹	薄	高
重磅真丝	真丝	平纹	厚	中

化纤四面弹面料的经纬纱线都是涤纶网络丝,由于网络丝的高弹性,使得这种面料的弹性很好。毛料面料具有暗条织纹。乔其纱的经纬纱都是加强捻的桑蚕丝。重磅真丝绸的经纱无捻、纬纱加捻,且经砂洗处理,表面有绒毛,显得厚重。

2. 试验用衬料

本文选取 3 种黏合衬作为研究对象,分别是比佳利衬、进口无纺衬和三利衬 2096。

二、试验方法与仪器的确定

本研究测试了面料的组织、经纬密度、纱线细度、厚度、面密度等规格指标,测定了悬垂系数、标准回潮率、拉伸率、急弹性回复角、缓弹性回复角及缩水率等性能指标,并用 KES 织物风格仪对面料的拉伸性能、剪切性能、弯曲性能、压缩性能及表面摩擦性能等力学指标进行了测试,同时对衬料的质量、标准回潮率及缩水率等性能指标进行了测试,还测定了不同黏衬状态(未黏衬、黏着不同种类的衬料)、不同温度(130 ℃、150 ℃、170 ℃)及熨烫后不同放置时间(0 h、2 h、4 h、6 h、8 h)状态下面料的经纬热缩率。试验方法与所用仪器如下:

1. 面料的规格测试

(1) 织物组织

仪器:照布镜。

试验方法:用拆线的方法使织物露出丝缕,借助照布镜放大,分析织物的组织结构。

(2) 经纬密度

仪器:Y511 型密度镜。

试验方法:取远离试样边缘的 5 个不同测试点,利用 Y511 型密度镜或拆线的方法测量出每间隔 5 cm 内的经纬纱线根数,然后取平均值,再换算为每 10 cm 内的纱线根数,即得到经纱密度和纬纱密度。

(3) 细度

试验方法:在试样上分别拆取 40 根经纱、40 根纬纱,分别测出公定回潮率下的质量克数、长度(cm),然后计算出经纬纱线的细度。

(4) 厚度

仪器:YG141D 型织物厚度仪。

试验方法:在试样上取 10 个不同测试点,利用 YG141D 型织物厚度仪测量出 10 个厚度值,然后取平均值。

(5) 面密度

仪器:AL104 型电子天平。

试验方法:每种面料分别取 5 块边长为 10 cm 的正方形试样,利用 AL104 型电子天平进行测量,取平均值。

2. 面料的性能测试

(1) 悬垂性

仪器:Y811 型织物悬垂仪。

试验方法一:每种面料取 5 块试样。将试样剪成直径为 34 cm 的圆形,中间挖一个洞,再取 5 张白纸,剪成同样的形状。利用 Y811 型织物悬垂仪进行测量,在白纸上描绘出投影图,测量白纸的投影质量。根据公式计算每种面料的平均悬垂系数。

$$悬垂系数 = \frac{投影质量 - 原样质量}{原样质量} \times 100\%$$

试验方法二:利用 YGT(L)811DN 型织物动态悬垂性风格仪进行测试。每种面料取 5 块试样。将试样剪成直径为 24 cm 的圆形,中间挖一个洞,用与水平面相垂直的光线照射,得到试样的投影图,通过光电转换,求得悬垂系数。

（2）标准回潮率

仪器:Y802A 型八篮恒温烘箱。

试验方法:每种面料取 5 块试样。分别测量 5 个湿重值,然后把试样放于 Y802A 型八篮恒温烘箱内烘干,然后测量出 5 个干重值。运用公式计算面料的标准回潮率。

$$标准回潮率 = \frac{湿重 - 干重}{干重} \times 100\%$$

（3）拉伸率

仪器:YG026 - 250 型电子织物强力仪。

试验方法:每种面料沿经向、纬向各取 5 块试样,尺寸规格是 35 cm×5 cm,保证无断纱。利用 YG026 - 250 型电子织物强力仪进行测试。将试样置于上下夹布钳之间,按下工作键,下夹布钳向下移动,对试样进行拉伸直至拉断,显示盘显示拉伸强度、断裂伸长、断裂时间和伸长率,测试后打印,直接读取平均值。

（4）折皱弹性

仪器:YG541D 型全自动数字式织物折皱弹性仪

试验方法:每种面料沿经向、纬向各取 5 块试样,利用 YG541D 型全自动数字式织物折皱弹性仪进行测量。打印数据后,取平均值,然后利用公式计算弹性回复角。

急弹性回复角 = 经向急弹性回复角 + 纬向急弹性回复角

缓弹性回复角 = 经向缓弹性回复角 + 纬向缓弹性回复角。

（5）缩水率

试验条件:$T = (40 \pm 2)℃$,试样自然晾干。

试验方法:按照试验要求,将试样剪成 60 cm 长,在试样上面标出测量点,记下经纬向的长度数值。然后将试样置于 40℃ 的水中浸泡 30min,取出试样,自然晾干,记下此时经纬向的长度值。运用公式计算每种面料的缩水率。

$$缩水率 = \frac{原长度 - 浸泡后长度}{原长度} \times 100\%$$

3.面料的力学性能测试

KES-FB 系统认为织物的力学性能包括拉伸性能、剪切性能、弯曲性能、压缩性能及表面摩擦性能等力学性能。

试样规格:20 cm×20 cm,标出试样的经纬向,且不得有折皱、疵点。

试验条件:$T = (20 \pm 1)℃$;$RH = (65 \pm 5)\%$。在标准大气条件下,将试样静置 24h,待织物稳定后开始测试。

（1）拉伸性能测试

仪器：KES-FB-1。

测试指标：拉伸线性度 L_T，拉伸功 W_T（g·cm/cm²），拉伸功回复率 R_T（%），拉伸最大应变率 EMT（%）。

（2）剪切性能测试

仪器：KES-FB-1。

测试指标：剪切刚度 G，0.5°剪切滞后矩 $2HG$（g·cm/cm），5°剪切滞后矩 $2HG_5$（g·cm/cm）。

（3）弯曲性能指标

仪器：KES-FB-2。

测试指标：弯曲刚度 B（g·cm/cm），弯曲滞后矩 $2HB$（g·cm²/cm）。

（4）压缩性能测试

仪器：KES-FB-3。

测试指标：压缩功 W_C（g·cm/cm²），压缩回复率 R_C，压缩线性度 L_C，表观厚度 T_0（mm），厚度 T_m（mm）。

（5）表面性能测试

仪器：KES-FB-4。

测试指标：平均摩擦系数 MIU，摩擦系数平均偏差 MMD，表面粗糙程度 SMD。

4. 衬料的性能测试

衬料的面密度、缩水率及标准回潮率的测试方法同面料。

5. 面料热收缩性能测试

仪器：压烫机。

工艺参数：压烫机的工艺参数分别定为 $T=130℃$、$150℃$、$170℃$、$P=0.07\sim0.08$ kPa，$t=10$ s。

试验方法：在每种面料上取 30 cm×30 cm 试样（包括黏衬和未黏衬）各一块，经纬向各做 3 个间距为 25 cm 的标记，各组标记间隔 10 cm，如图 2.1.1 所示。要求试样尺寸准确，丝缕垂直。按上述工艺条件进行压烫，取出试样，冷却。

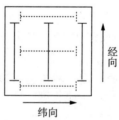

图 2.1.1　试样热缩率测量标识

数据测定：取出即测量热缩率，然后每间隔 2 h 测定一次，共测定 5 次。测量标记间的尺寸，取平均值，利用下列公式计算热缩率。

$$热缩率=\frac{L_0-L_1}{L_0}\times100\%$$

其中，L_0 指压烫前标记间平均距离（25 cm），L_1 指压烫后标记间平均距离（cm）。

三、试验数据的测定

上述试验的测量结果见表 2.1.2～表 2.1.9 所示。

表 2.1.2　面料的规格特征

测试项目 \ 原料种类		化纤四面弹	毛料	乔其纱	重磅真丝
织物组织		2/2 左斜纹	5 枚 2 飞纬面缎纹	1/1 平纹	1/1 平纹
经纬密度（根/10 cm）	经向	536	464	404	600
	纬向	334	240	392	680
细度（tex）	经纱	19	40	6	2.5
	纬纱	19	37.5	6	8
厚度（mm）		0.61	0.82	0.39	0.51
面密度（g/cm²）		197.5	262.98	61.77	145.95

表 2.1.3　面料的性能特征

测试项目 \ 原料种类			化纤四面弹	毛料	乔其纱	重磅真丝
悬垂系数（%）			20.19	42.07	31.46	28.54
回潮率（%）			0.42	15.4	7.73	7.04
拉伸率（%）		经向	44.16	23.72	28.32	23.12
		纬向	54.76	21.18	26.98	30.45
折皱回复角（°）	急	经向	152.3	151	151.3	150.3
		纬向	161.2	166.23	122.5	150.4
	缓	经向	155.6	156.3	159.8	156.4
		纬向	163	175	138.9	156.6
缩水率（%）		经向	0	4	6.2	3.8
		纬向	0	0.77	2.3	1.62

表 2.1.4　面料的力学性能测试结果

面料 \ 力学性能	L_T		W_T（g·cm/cm²）		R_T（%）		EMT（%）	
	经向	纬向	经向	纬向	经向	纬向	经向	纬向
毛料	0.567	0.663	10.00	18.80	74.00	60.37	7.05	11.35
化纤四面弹	0.476	0.459	21.85	34.60	62.93	56.36	18.37	30.18
重磅真丝	0.412	0.482	12.35	17.45	65.99	51.29	11.98	14.47
乔其纱	0.418	0.378	23.35	19.80	44.97	45.45	22.33	20.94

力学性能\面料	G		$2HG$(g·cm/cm)		$2HG_5$(g·cm/cm)		B(g·cm/cm)	
	经向	纬向	经向	纬向	经向	纬向	经向	纬向
毛料	0.64	0.57	0.95	0.75	1.65	1.40	0.1657	0.0837
化纤四面弹	0.34	0.32	0.23	0.18	0.55	0.43	0.0608	0.0329
重磅真丝	0.24	0.22	0.30	0.05	0.40	0.08	0.0405	0.0547
乔其纱	0.20	0.19	0.08	0.03	0.03	0.05	0.0113	0.0093

力学性能\面料	$2HB$(g·m²/cm)		MIU		MMD		SMD	
	经向	纬向	经向	纬向	经向	纬向	经向	纬向
毛料	0.0751	0.0358	0.1843	0.2187	0.0094	0.0127	1.920	3.130
化纤四面弹	0.0215	0.0141	0.2247	0.3083	0.0094	0.0175	2.865	4.003
重磅真丝	0.0161	0.0266	0.2053	0.2550	0.0096	0.0103	4.758	3.237
乔其纱	0.0172	0.0127	0.2130	0.2200	0.0171	0.0194	3.295	5.080

力学性能\面料	L_C	W_C(g·/cm²)	R_C	T_0(mm)	T_m(mm)
毛料	0.2820	0.2110	43.38667	0.939333	0.639667
化纤四面弹	0.4023	0.1537	41.58333	0.714333	0.561667
重磅真丝	0.1341	0.0512	13.86111	0.238111	0.187222
乔其纱	0.0447	0.0171	4.62037	0.079370	0.062407

表 2.1.5　衬料的性能特征

性能\衬料	比佳利衬	进口无纺衬	三利衬 2096
面密度(g/cm²)	381.3	297.4	496.1
经向缩水率(%)	0	0	0
纬向缩水率(%)	0	0	0
回潮率(%)	0.78	9.17	0.55

表 2.1.6　面料未黏衬时的热缩率　　　　　　　　　　　　　　　　　（%）

试验条件\面料			马上测量	2 h 测量	4 h 测量	6 h 测量	8 h 测量
化纤四面弹	130 ℃	经向	3.56	3.36	3.65	3.57	3.57
		纬向	1.65	1.63	1.69	1.67	1.67
	150 ℃	经向	5.53	4.92	5.19	5.01	5.01
		纬向	2.8	2.55	2.5	2.5	2.49
	170 ℃	经向	6.27	6.27	6.12	6.13	6.13
		纬向	3.2	3.31	3.07	3.07	3.07

续表

面料 \ 试验条件			马上测量	2 h测量	4 h测量	6 h测量	8 h测量
毛料	130 ℃	经向	1.79	0.96	0.87	0.67	0.67
		纬向	1.44	0.39	0.28	0.13	0.13
	150 ℃	经向	2.51	1.27	0.88	0.79	0.79
		纬向	1.55	0.48	0.28	0.21	0.21
	170 ℃	经向	2.63	1.41	1.03	0.93	0.93
		纬向	2.16	1.16	0.83	0.76	0.76
重磅真丝	130 ℃	经向	0.27	0.33	0.25	0.2	0.2
		纬向	0.23	0	0	0	0
	150 ℃	经向	1.08	0.71	0.55	0.53	0.53
		纬向	0.44	0.21	0.13	0.09	0.09
	170 ℃	经向	1.4	0.83	0.73	0.71	0.71
		纬向	0.87	0.56	0.48	0.4	0.4
乔其纱	130 ℃	经向	0.47	0.47	0.36	0.4	0.4
		纬向	0.16	0.19	0	0	0
	150 ℃	经向	0.79	0.52	0.73	0.73	0.73
		纬向	0.61	0.63	0.64	0.6	0.6
	170 ℃	经向	1.33	1.08	0.62	0.92	0.92
		纬向	0.56	0.35	0.29	0.27	0.27

表 2.1.7 面料黏着比佳利衬后的热缩率 （%）

面料 \ 试验条件			马上测量	2 h测量	4 h测量	6 h测量	8 h测量
化纤四面弹	130 ℃	经向	2.84	2.81	2.83	2.78	2.87
		纬向	1.2	1.2	1.2	1.2	1.2
	150 ℃	经向	3.53	4.42	4.41	4.43	4.33
		纬向	1.64	1.61	1.63	1.6	1.53
	170 ℃	经向	4.8	4.69	4.69	4.63	4.63
		纬向	1.93	1.8	1.8	1.87	1.8
毛料	130 ℃	经向	1.25	0.97	0.8	0.72	0.72
		纬向	0.69	0.33	0.27	0.23	0.2
	150 ℃	经向	2.13	1.56	1.17	1.11	1.1
		纬向	1.13	0.6	0.51	0.51	0.5
	170 ℃	经向	2.07	1.87	1.67	1.67	1.67
		纬向	1.89	1.25	0.93	0.91	0.91

面料 \ 试验条件			马上测量	2 h 测量	4 h 测量	6 h 测量	8 h 测量
重磅真丝	130 ℃	经向	0.99	0.73	0.76	0.73	0.73
		纬向	0.53	0.19	0.37	0.28	0.35
	150 ℃	经向	1.21	1.69	1.75	1.68	1.64
		纬向	0.76	0.63	0.52	0.44	0.43
	170 ℃	经向	1.67	1.39	1.4	1.39	1.39
		纬向	1.13	0.68	0.73	0.64	0.64
乔其纱	130 ℃	经向	1.27	1.19	1.33	1.36	1.3
		纬向	0.43	0.65	0.95	0.61	0.65
	150 ℃	经向	1.65	1.57	1.75	1.56	1.56
		纬向	0.21	0.03	0.04	0	0
	170 ℃	经向	1.36	1.63	1.4	1.4	1.4
		纬向	2.87	0.57	0.56	0.53	0.53

表 2.1.8　面料黏着进口无纺衬后的热缩率　　　　　　　　　　　　　（%）

面料 \ 试验条件			马上测量	2 h 测量	4 h 测量	6 h 测量	8 h 测量
化纤四面弹	130 ℃	经向	1.89	1.89	2.16	2.19	2.16
		纬向	1.33	1.33	1.33	1.33	1.33
	150 ℃	经向	3.04	3.03	3.05	3.03	3.07
		纬向	2.41	2.32	2.23	2.2	2
	170 ℃	经向	3.64	3.59	3.69	3.53	3.53
		纬向	1.87	1.88	1.65	1.65	1.65
毛料	130 ℃	经向	0.83	0.59	0.59	0.49	0.5
		纬向	0.83	0.43	0.33	0.28	0.26
	150 ℃	经向	2.04	1.81	1.63	1.56	1.56
		纬向	1.24	0.79	0.57	0.56	0.52
	170 ℃	经向	2.59	2.16	2.11	2.1	2.1
		纬向	1.56	0.99	0.85	0.76	0.76
重磅真丝	130 ℃	经向	0.69	0.76	0.73	0.79	0.8
		纬向	0.45	0.39	0.29	0.35	0.38
	150 ℃	经向	1.29	1.13	1.19	1.16	1.16
		纬向	0.87	0.64	0.57	0.63	0.64
	170 ℃	经向	1.33	1.25	1.24	1.23	1.23
		纬向	0.93	0.8	0.75	0.73	0.73

面料 \ 试验条件			马上测量	2 h 测量	4 h 测量	6 h 测量	8 h 测量
乔其纱	130 ℃	经向	0.76	0.83	0.73	0.73	0.73
		纬向	0.53	0.47	0.47	0.45	0.47
	150 ℃	经向	1.11	0.99	1.05	1.05	1.05
		纬向	0.69	0.65	1.08	0.68	0.68
	170 ℃	经向	1.2	1.24	1.16	1.16	1.16
		纬向	0.63	0.67	0.63	0.57	0.57

表 2.1.9　面料黏着三利衬 2096 后的热缩率　　　　　　　　　　（%）

面料 \ 试验条件			马上测量	2 h 测量	4 h 测量	6 h 测量	8 h 测量
化纤四面弹	130 ℃	经向	3.27	3.2	3.2	3.2	3.2
		纬向	1.2	1.2	1.2	1.2	1.2
	150 ℃	经向	4.43	4.48	4.43	4.4	4.39
		纬向	1.95	1.97	1.91	1.96	1.95
	170 ℃	经向	6.38	5.93	5.93	5.93	4.63
		纬向	2.31	2.57	2.13	2.13	2.13
毛料	130 ℃	经向	1.48	1.09	0.93	0.85	0.9
		纬向	0.56	0.23	0.17	0.13	0.13
	150 ℃	经向	3.2	2.31	2.1	2.1	2.1
		纬向	1.35	0.69	0.6	0.48	0.4
	170 ℃	经向	2.8	2.2	2.1	2	2
		纬向	1.8	1.09	0.89	0.87	0.87
重磅真丝	130 ℃	经向	1.73	1.87	1.84	1.83	1.83
		纬向	0.29	0.12	0	0	0
	150 ℃	经向	2.36	2.67	2.33	2.35	2.35
		纬向	1.03	0.71	0.68	0.69	0.69
	170 ℃	经向	2.75	2.49	2.44	2.43	2.43
		纬向	0.96	1.11	0.69	0.69	0.69
乔其纱	130 ℃	经向	2.53	2.65	2.8	2.8	2.8
		纬向	1.19	0.36	0.32	0.25	0.33
	150 ℃	经向	3.35	3.28	3.27	3.28	3.28
		纬向	1.13	1.05	1.01	1.01	1.01
	170 ℃	经向	3.31	3.29	3.25	3.25	3.25
		纬向	0.33	0.28	0.25	0.23	0.23

第二节　面料热缩率变化规律分析

　　研究同一温度不同时刻条件下面料的经向热缩率、纬向热缩率的变化规律，以及不同温度条件下面料的经向热缩率、纬向热缩率的变化规律，对生产中保证成衣规格的准确性具有重要意义。试验中，分别测量了未黏衬及黏着不同衬料后面料的经、纬向热缩率，找出其变化规律，并且依据不同冷却时间后面料经、纬向热缩率的变化规律确定出面料热缩率的稳定值，为成衣生产工艺参数的确定提供有价值的依据，并为下文与热缩率相关项目的确定、热缩率预测模型的建立等研究奠定基础。

一、面料未黏衬时热缩率的变化规律分析

　　成衣生产中，半成品或成品要经过若干次的加温整烫，整烫过程中面料的收缩与否直接影响到成衣规格的准确性和成衣的外观质量。有必要研究未黏衬状态下加热处理对面料收缩率的影响。

　　1. 面料热缩率随冷却时间的变化规律分析

　　未黏衬时，面料经向热缩率、纬向热缩率随冷却时间的变化规律如图 2.2.1～图 2.2.6 所示。

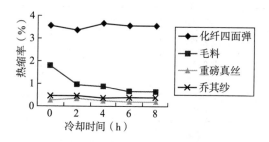

图 2.2.1　130 ℃面料经向缩率

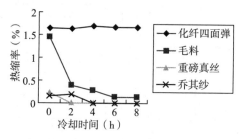

图 2.2.2　130 ℃面料纬向缩率

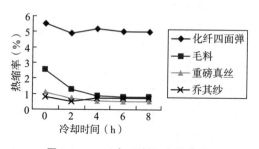

图 2.2.3　150 ℃面料经向热缩率

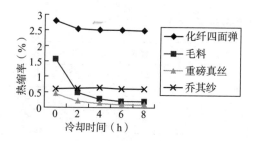

图 2.2.4　150 ℃面料纬向热缩率

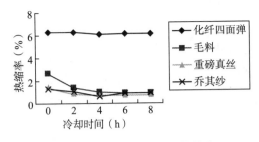

图 2.2.5　170 ℃面料经向热缩率

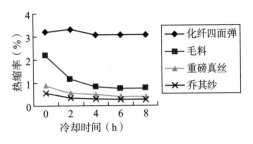

图 2.2.6　170 ℃面料纬向热缩率

结果表明,随着冷却时间的延长,毛料、重磅真丝、乔其纱面料的经、纬向热缩率逐渐减小,最终趋于稳定值,在冷却 6 h 到 8 h 时段内,三块面料的热缩率保持不变,而化纤四面弹的热缩率基本不变。因此,本研究中选择冷却 8 h 后的热缩率为面料的最终热缩率。

测定结果还表明,四种面料的经向热缩率都大于纬向热缩率。化纤四面弹的经向热缩率、纬向热缩率都为最大值。这与熨烫温度已经超过涤纶纤维的玻璃化温度,进入高弹态有关。对此,成衣生产过程中必须予以高度重视,采取适当工艺措施来保证成衣规格和质量。

根据热缩率随冷却时间的变化规律,尤其是毛料热缩率的变化规律,应结合生产实际情况,尽可能使衣片熨烫后放置 2～4 h 再投入下一道生产工序,以保证成衣规格的准确性和外观的平整性。

2.面料热缩率随熨烫温度的变化规律分析

图 2.2.7～图 2.2.14 所示的是各种面料在不同温度条件下的经、纬向热缩率。

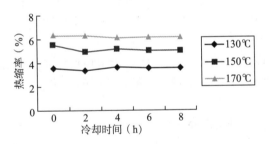

图 2.2.7　化纤四面弹经向热缩率

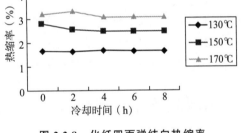

图 2.2.8　化纤四面弹纬向热缩率

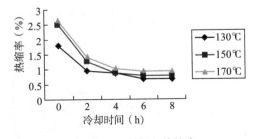

图 2.2.9　毛料经向热缩率

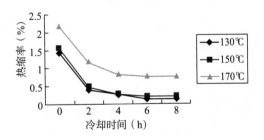

图 2.2.10　毛料纬向热缩率

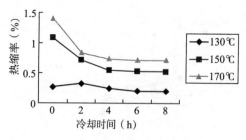

图 2.2.11　重磅真丝经向热缩率

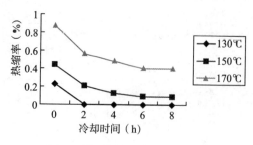

图 2.2.12　重磅真丝纬向热缩率

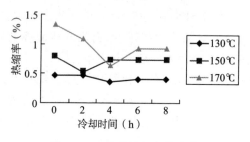

图 2.2.13　乔其纱经向热缩率

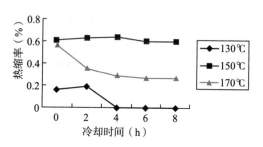

图 2.2.14　乔其纱纬向热缩率

图 2.2.7～图 2.2.12 表明,在未黏衬时,涤纶四面弹、毛料、重磅真丝的经向热缩率及纬向热缩率的变化规律相似,都随着温度的升高而增大。因此,成衣生产过程中,无论从保证成衣规格的准确性还是从节约能源的角度讲,在保证剥离强度符合要求的前提下,都应尽可能使用较低的熨烫温度。

图 2.2.13、图 2.2.14 表明,在温度升高的条件下,乔其的经向热缩率及纬向热缩率的变化规律不同于其他面料。乔其的经向热缩率基本上随温度的升高而增加,纬向热缩率随温度的升高先增加后减小,即熨烫温度升高到 170 ℃时热缩率反而下降了。

成衣生产中,部分半成品要经过黏衬,黏衬过程中面料的收缩与否直接影响到成衣规格的准确性和成衣的外观质量,因此有必要研究黏衬状态下加热处理对面料收缩率的影响。

二、面料黏着比佳利衬时热缩率的变化规律分析

1. 130 ℃面料热缩率随冷却时间的变化规律分析

130 ℃黏着比佳利衬时,面料经向热缩率、纬向热缩率随冷却时间的变化规律如图 2.2.15、2.2.16 所示。

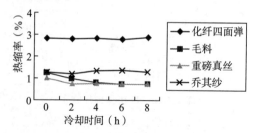

图 2.2.15　130 ℃面料经向热缩率

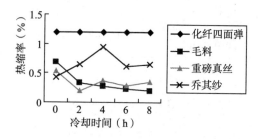

图 2.2.16　130 ℃面料纬向热缩率

图 2.2.15 表明,随着冷却时间的延长,化纤四面弹、乔其纱的热缩率变化幅度很小,毛料与重磅真丝的热缩率变化规律相似,呈现逐渐下降的规律,在冷却 6h 后达到稳定值。因此,本研究选择冷却 8h 后的热缩率为面料最终的热缩率是可行的。

图 2.2.16 表明,随着冷却时间的延长,化纤四面弹的热缩率保持不变,其余三块面料的热缩率变化较大,乔其的变化值出现跳跃。冷却后 6 h 到 8 h,毛料、重磅真丝的热缩率基本不变,即该时段内面料热缩率变化曲线段的斜率近似为零。因此,本研究选择冷却 8 h 后的热缩率为面料最终的热缩率。

图 2.2.15、图 2.2.16 还表明,在 130 ℃面料黏着比佳利衬条件下,四种面料的经向热缩率都大于纬向热缩率,经向热缩率变化的规律相似,数值变化较小,而纬向热缩率变化较大,尤其是乔其纬向热缩率的变化最显著。

对比图 2.2.1、图 2.2.2 和图 2.2.15、图 2.2.16,可以发现在同样温度条件下,黏着比佳利衬时面料的收缩率有不同程度的变化。其中化纤四面弹黏着比佳利衬后,经向热缩率、纬向热缩率都明显降低,并且经向热缩率、纬向热缩率的变化量更小。但是化纤四面弹的经、纬向热缩率仍然远大于其他面料的热缩率。其他几种面料也有不同程度的变化。因此,衬料的性能会影响到黏衬后的面料的收缩率。

2. 150 ℃面料热缩率随冷却时间的变化规律分析

150 ℃黏着比佳利衬时,面料经向热缩率、纬向热缩率随冷却时间的变化规律如图 2.2.17、图 2.2.18 所示。

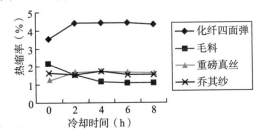

图 2.2.17　150 ℃面料经向热缩率

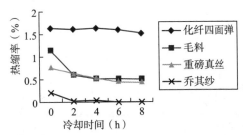

图 2.2.18　150 ℃面料纬向热缩率

图 2.2.17、图 2.2.18 结果表明,随着冷却时间的延长,面料的经、纬向热缩率基本上趋于稳定值,在冷却后 4 h 到 8 h 内,经、纬向热缩率的变化曲线段的斜率近似为零。

在 150 ℃面料黏着比佳利衬条件下,四种面料的经向热缩率都大于纬向热缩率,毛料的经向热缩率、纬向热缩率随冷却时间的延长变化较大。

图 2.2.3、图 2.2.4、图 2.2.17、图 2.2.18 结果表明,在同样温度条件下,化纤四面弹在黏着比佳利衬后,经向热缩率、纬向热缩率也都明显减小,并且纬向热缩率的变化量更小,但化纤四面弹的经、纬向热缩率仍然是最大的,其他几种面料也有不同程度的变化。因此,衬料的性能会影响到黏衬后的面料的收缩率。

3. 170 ℃面料热缩率随冷却时间的变化规律分析

170 ℃黏着比佳利衬时,面料经向热缩率、纬向热缩率随冷却时间的变化规律如图 2.2.19、图 2.2.20 所示。

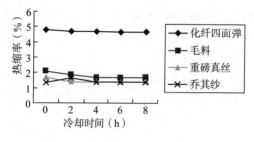

图 2.2.19　170 ℃面料经向热缩率

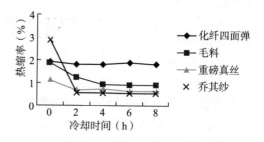

图 2.2.20　170 ℃面料纬向热缩率

图 2.2.19、图 2.2.20 表明,随着冷却时间的延长,面料的经、纬向热缩率基本上趋于稳定值;在冷却后 0 h 到 4 h 内,4 块面料的热缩率都发生变化,乔其的纬向缩率变化量很大;在冷却后 4 h 到 8 h 内,4 块面料的热缩率都达到稳定值。因此,选择冷却 8 h 后的热缩率为面料最终的热缩率是可行的。

与 150 ℃的情况相似,在 170 ℃面料黏着比佳利衬条件下,四种面料的经向热缩率都大于纬向热缩率。经向热缩率变化的规律相似,数值变化量较小,而纬向热缩率变化较大。

比较图 2.2.5、图 2.2.6、图 2.2.19、图 2.2.20 可知,在同样温度条件下,化纤四面弹在黏着比佳利衬后,经向热缩率、纬向热缩率都明显减小,但是化纤四面弹的经、纬向热缩率仍然为最大值,其他几种面料也有不同程度的变化。同样说明,衬料的性能会影响到黏衬后的面料的收缩率。

4. 面料热缩率随黏合温度的变化规律分析

图 2.2.21～图 2.2.28 所示的是各种面料经、纬向热缩率随黏合温度变化的规律。

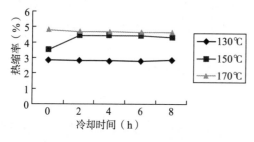

图 2.2.21　化纤四面弹经向热缩率

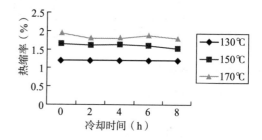

图 2.2.22　化纤四面弹纬向热缩率

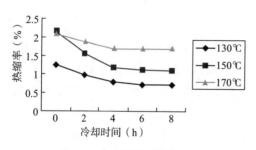

图 2.2.23　毛料经向热缩率

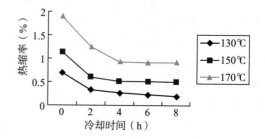

图 2.2.24　毛料纬向热缩率

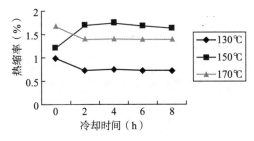

图 2.2.25 重磅真丝经向热缩率

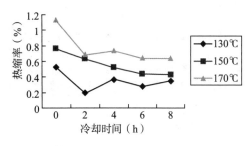

图 2.2.26 重磅真丝纬向热缩率

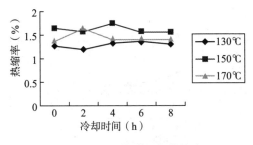

图 2.2.27 乔其纱经向热缩率

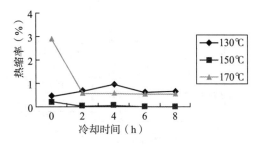

图 2.2.28 乔其纱纬向热缩率

图 2.2.21～图 2.2.24 表明,在黏着比佳利衬条件下,化纤四面弹、毛料的经向热缩率的变化规律与纬向热缩率的变化规律相似,都随着黏合温度的升高而增加。因此,成衣生产过程中,无论从保证成衣规格的准确性还是节约能源的角度讲,在保证剥离强度符合要求的前提下,都应尽可能使用较低的黏合温度。

图 2.2.25～图 2.2.28 表明,乔其纱、重磅真丝等面料的经纬向热缩率随黏合温度变化规律与未黏衬时的变化规律不一致,说明比佳利衬对重磅真丝、乔其纱的热缩率的影响比较大。

三、面料黏着进口无纺衬时热缩率的变化规律分析

1. 面料热缩率随冷却时间的变化规律分析

黏着进口无纺衬时,面料经向热缩率、纬向热缩率随冷却时间的变化规律如图 2.2.29～图 2.2.34 所示。

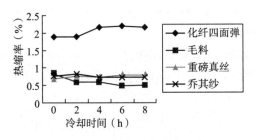

图 2.2.29 130 ℃面料经向热缩率

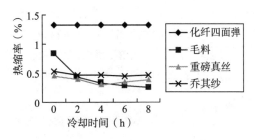

图 2.2.30 130 ℃面料纬向热缩率

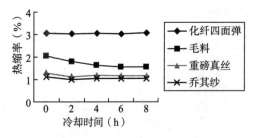

图 2.2.31　150 ℃面料经向热缩率

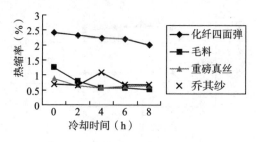

图 2.2.32　150 ℃面料纬向热缩率

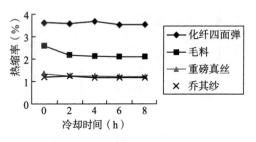

图 2.2.33　170 ℃面料经向热缩率

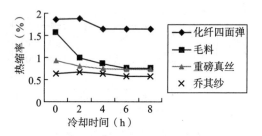

图 2.2.34　170 ℃面料纬向热缩率

图 2.2.29、图 2.2.31、图 2.2.33 表明,随着冷却时间的延长,重磅真丝、乔其纱的经向热缩率变化幅度很小;毛料的经向热缩率呈现逐渐下降的规律,在冷却 6 h 后达到稳定值;在冷却后 6 h 到 8 h 内,化纤四面弹的经向热缩率基本不变,即该时段内面料热缩率变化曲线段的斜率近似为零。因此,本研究选择冷却 8 h 后的热缩率为面料最终的热缩率。

图 2.2.30、图 2.2.32、图 2.2.34 表明,随着冷却时间的延长,毛料、重磅真丝的纬向热缩率的变化规律相似,呈逐渐下降的规律,在冷却后 6 h 达到稳定值;化纤四面弹、乔其纱的纬向热缩率变化较大,出现跳跃值,但在冷却后 6 h 达到稳定值。因此,本研究选择冷却 8 h 后的热缩率为面料最终的热缩率是可行的。

结果还表明,黏着进口无纺衬后,4 种面料的经向热缩率都大于纬向热缩率,经向热缩率变化的规律相似,数值变化较小,而纬向热缩率变化较大,尤其是毛料纬向热缩率的变化最显著。

对比图 2.2.1～图 2.2.6,图 2.2.29～图 2.2.34,可以发现在同样温度条件下,化纤四面弹黏着进口无纺衬后,经向热缩率、纬向热缩率都明显降低,但是化纤四面弹的经、纬向热缩率仍然远大于其他面料的热缩率,其他面料也有不同程度的变化。

图 2.2.15～图 2.2.20、图 2.2.29～图 2.2.34 的结果表明,黏着比佳利衬后面料的经、纬向热缩率不同于黏着进口无纺衬时的热缩率,说明不同种类的衬料对面料热缩率的影响程度是不同的。

2. 面料热缩率随黏合温度的变化规律分析

图 2.2.35～图 2.2.42 所示的是各种面料的经向热缩率、纬向热缩率随黏合温度的变化规律。

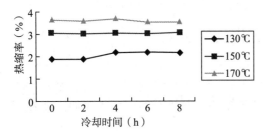

图 2.2.35　化纤四面弹经向热缩率

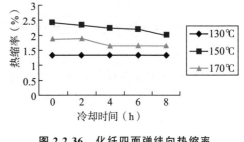

图 2.2.36　化纤四面弹纬向热缩率

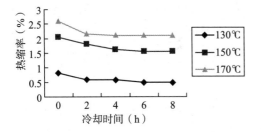

图 2.2.37　毛料经向热缩率

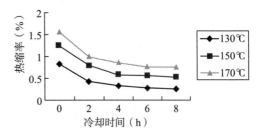

图 2.2.38　毛料纬向热缩率

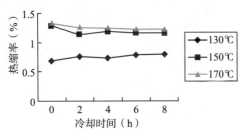

图 2.2.39　重磅真丝经向热缩率

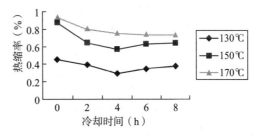

图 2.2.40　重磅真丝纬向热缩率

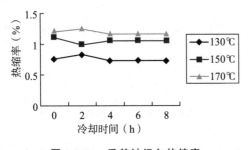

图 2.2.41　乔其纱经向热缩率

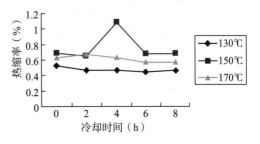

图 2.2.42　乔其纱纬向热缩率

　　图 2.2.39、图 2.2.40 表明,在黏着进口无纺衬条件下,毛料、重磅真丝的经向热缩率及纬向热缩率的变化规律相似,都随着黏合温度的升高而增加。因此,成衣生产过程中,在保证剥离强度符合要求的前提下,应尽可能使用较低的黏合温度。

　　图 2.2.35、图 2.2.36、图 2.2.41、图 2.2.42 结果表明,化纤四面弹、乔其纱等面料的经、纬向热缩率随黏合温度变化规律与未黏衬时的变化规律不一致,说明进口无纺衬对化纤四面弹、乔其纱的热缩率的影响比较大。

四、面料黏三利衬 2096 时热缩率的变化规律分析

1. 面料的热缩率随冷却时间的变化规律分析

黏着三利衬 2096 时,面料经向热缩率、纬向热缩率随冷却时间的变化规律如图 2.2.43～图 2.2.48 所示。

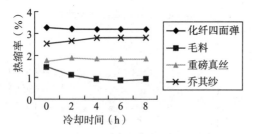

图 2.2.43　130 ℃面料经向热缩率

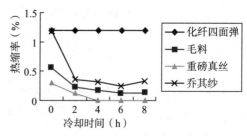

图 2.2.44　130 ℃面料纬向热缩率

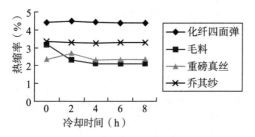

图 2.2.45　150 ℃面料经向热缩率

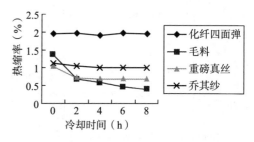

图 2.2.46　150 ℃面料纬向热缩率

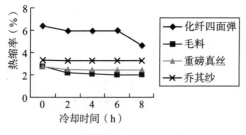

图 2.2.47　170 ℃面料经向热缩率

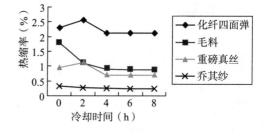

图 2.2.48　170 ℃面料纬向热缩率

图 2.2.43、图 2.2.45、图 2.2.47 表明,随着冷却时间的延长,重磅真丝、乔其纱的经向热缩率变化幅度很小;毛料的经向热缩率呈现逐渐下降的规律,在冷却 6 h 后热缩率基本不变,即该时段内毛料热缩率变化曲线段的斜率近似为零。化纤四面弹的热缩率在 170 ℃时出现异常,其余温度下的热缩率基本为稳定值。

图 2.2.44、图 2.2.46、图 2.2.48 表明,随着冷却时间的延长,4 种面料的纬向热缩率基本达到稳定值,尽管热缩率在冷却后 4 h 内变化较大,但在冷却 6 h 后热缩率基本不变,即该时段内面料热缩率变化曲线段的斜率近似为零。因此,本研究选择冷却 8 h 后的热缩率为面料最终的热缩率。

　　结果还表明,黏着三利衬 2096 后,4 种面料的经向热缩率都大于纬向热缩率,经向热缩率变化的规律相似,而纬向热缩率变化较大,尤其是毛料、乔其纱纬向热缩率的变化最显著。

　　对比图 2.2.1~图 2.2.6,图 2.2.43~图 2.2.48,可以发现在同样温度条件下,化纤四面弹黏着三利衬 2096 后,经向热缩率、纬向热缩率都明显降低,但是化纤四面弹的经、纬向热缩率仍然远大于其他面料的热缩率,其他面料也有不同程度的变化。

　　图 2.2.15~图 2.2.20、图 2.2.29~图 2.2.34、图 2.2.43~图 2.2.48 的结果表明,黏着不同黏合衬后面料的经、纬向热缩率各不相同,说明不同种类的衬料对面料热缩率的影响程度是不同的。

2. 面料热缩率随黏合温度的变化规律分析

　　图 2.2.49~图 2.2.56 所示的是各种面料的经向热缩率、纬向热缩率随黏合温度的变化规律。

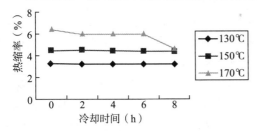

图 2.2.49　化纤四面弹经向热缩率

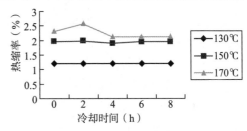

图 2.2.50　化纤四面弹纬向热缩率

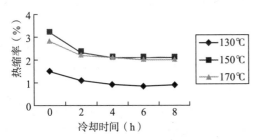

图 2.2.51　毛料经向热缩率

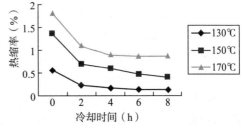

图 2.2.52　毛料纬向热缩率

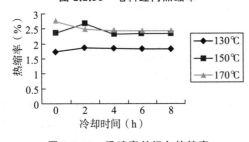

图 2.2.53　重磅真丝经向热缩率

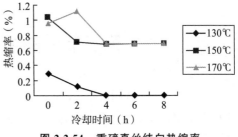

图 2.2.54　重磅真丝纬向热缩率

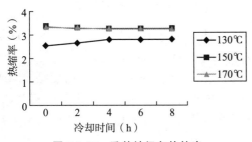

图 2.2.55　乔其纱经向热缩率

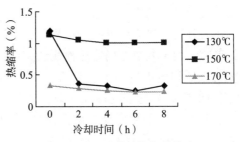

图 2.2.56　乔其纱纬向热缩率

图 2.2.49、图 2.2.50 表明,在黏三利衬 2096 条件下,化纤四面弹的经向热缩率、纬向热缩率变化规律相似,都随着黏合温度的升高而增加。

图 2.2.51～图 2.2.56 表明,在黏着三利衬 2096 条件下,毛料、重磅真丝及乔其的经向热缩率、纬向热缩率的变化规律比较杂乱,说明三利衬 2096 对这三种面料的热缩率存在较大的影响。

3. 面料黏衬后的热缩率变化规律

① 在同一温度条件下,无论黏衬还是没有黏衬,面料的经向热缩率都大于纬向热缩率。因此制作服装时,需要根据缩率,分别确定样板尺寸的经、纬向增放量。衣领、克夫、门襟、驳头、袋盖、裤门襟等需要黏衬的衣片所对应的样板需要增加适当的放量,保证成衣尺寸的准确性。

② 面料熨烫后随冷却时间的延长,面料的热缩率下降,4～6 h 后趋于稳定。因此,在生产过程中,应根据热缩率变化规律,结合生产实际情况,尽可能使衣片熨烫后放置 2～4 h 再投入下一道生产工序,以保证成衣规格的准确性和外观的平整性。

③ 化纤四面弹在没有黏衬时,经向热缩率及纬向热缩率在 4 类面料中是最大的。在黏衬后,化纤四面弹的经向热缩率、纬向热缩率仍然远大于其他面料。在成衣生产过程中,衣片熨烫后会产生较大的缩量。因此,化纤类面料生产前一定要经过预处理才可以投入生产环节。

④ 黏着不同种类的黏合衬后,各种面料的经、纬向热缩率发生了不同程度的变化,说明黏合衬的种类对面料的热缩率是有影响的,需要对各种衬料的具体影响做深入研究。

⑤ 在黏衬后,各种面料的经向热缩率、纬向热缩率基本上都随着温度的升高而增加。因此,成衣生产过程中,无论从保证成衣规格的准确性还是从节约能源的角度讲,在保证剥离强度符合要求的前提下,都应尽可能使用较低的黏合温度。

⑥ 在黏衬后,乔其纱的经向热缩率、纬向热缩率并不完全随温度的升高而增加,有时反而降低,说明黏合衬对轻薄型织物热缩率的影响程度比其对厚重型或高弹性织物的影响程度要显著。

第三节　热缩率预测模型的建立

在上一节分析测定数据的基础上,本节将分析面料的各项性能指标与未黏衬、黏着不同衬料时的热缩率的相关性,确定出与热缩率相关的项目。在此基础上,建立不同温度条件下面料经向热缩率及纬向热缩率的预测模型,用于比较准确地预测面料的热缩率,为服装企业提高成衣质量提供参考依据。

相关分析是研究变量间密切程度的一种统计方法。线性相关分析研究两个变量间线性关系的程度。相关系数是描述这种线性关系程度和方向的统计量,通常用 r 表示。如果一个变量 Y 可以确切地用另一个变量 X 的线性函数表示,那么,两个变量间的相关程度是 +1 或 −1。如果变量 Y 随着变量 X 的增加而增加,即变化的方向一致,这种相关称为正向相关,其相关系数大于 0;如果变量 Y 随着变量 X 的增加反而减小,即变化方向相反,这种相关关系称为负相关,其相关系数小于 0。相关系数 r 没有单位,其值为 −1～+1。

一、数据的标准化处理

为了消除各变量间变量值在数量级上的差异,增强数据间的可比性,需要对数据进行标准化处理。

1. 数据标准化处理的原理

标准化是先按表 2.3.1 求出 $\max x_i(k)$ 和 $\min x_i(k)$,然后按式(2.3.1)求出生成数。

表 2.3.1　原始数据的生成处理

k	1	2	3	⋯	n
x_1	$x_1(1)$	$x_1(2)$	$x_1(3)$	⋯	$x_1(n)$
x_2	$x_2(1)$	$x_2(2)$	$x_2(3)$	⋯	$x_2(n)$
x_m	$x_m(1)$	$x_m(2)$	$x_m(3)$	⋯	$x_m(n)$
$\max x$	$\max x_i(1)$	$\max x_i(2)$	$\max x_i(3)$	⋯	$\max x_i(n)$
$\min x$	$\min x_i(1)$	$\min x_i(2)$	$\min x_i(3)$	⋯	$\min x_i(n)$

$$\begin{cases} x_{i(1)} = \dfrac{x_{i(1)} - \min x_{i(1)}}{\max x_{i(1)} - \min x_{i(1)}} (i=1,2,\cdots,m) \\[2mm] x_{i(2)} = \dfrac{x_{i(2)} - \min x_{i(2)}}{\max x_{i(2)} - \min x_{i(2)}} (i=1,2,\cdots,m) \\[2mm] \cdots \\[2mm] x_{i(n)} = \dfrac{x_{i(n)} - \min x_{i(n)}}{\max x_{i(n)} - \min x_{i(n)}} (i=1,2,\cdots,m) \end{cases} \qquad \text{(式 2.3.1)}$$

原始数据标准化按式(2.3.1)计算

$$X'_i = \frac{x_i - X_i}{\sigma_i} \qquad \text{(式 2.3.2)}$$

式中:X'_i 为标准化数据;x_i 为原始指标数据;X_i 为原始指标数据的平均值;σ_i 为原始指标数据的均方差。

2. 数据标准化处理

论文中数据的标准化处理是运用统计分析软件 SPSS 完成。标准化处理后的数据在论文中不再赘述。

二、与热缩率相关项目的确定

面料的热缩率与面料的规格指标、性能指标以及力学指标不是相互独立的,而是相互联系的。下面分析各变量之间的相关性,以确定与面料的热缩率显著相关的项目。

1. 面料未黏衬时与热缩率相关项目的确定

面料的热缩率与规格指标、性能指标之间的相关程度分析结果如表 2.3.2 所示。

表 2.3.2　面料未黏衬时性能的相关性分析结果

130 ℃	—	经向拉伸率	经向缩水率	—
	经向热缩率	0.965 *	−0.900 *	
	—	纬向拉伸功	纬向拉伸率	
	纬向热缩率	0.991 **	0.945 *	
150 ℃	—	经向拉伸率	—	—
	经向热缩率	0.975 *		
	—	纬向拉伸功	纬向拉伸应变率	纬向拉伸率
	纬向热缩率	0.995 **	0.940 *	0.943 *
170 ℃	—	经向拉伸率	—	—
	经向热缩率	0.976 *		
	—	纬向拉伸功	纬向拉伸率	—
	纬向热缩率	0.977 *	0.921 *	

注：* 代表 0.05 水平上显著相关；** 代表 0.01 水平上显著相关。

　　表 2.3.2 表明，不同温度条件下，经向热缩率与经向拉伸率存在显著相关关系；130 ℃时，还与经向缩水率存在相关关系。在纺纱过程中，纤维受到应力的作用产生应变；在织造过程中，经纱一直处于拉紧的状态，产生一定量的变形。此外，在后整理过程中，如拉幅、轧光，织物也都要产生一定的变形。即使在松弛状态下，只有部分变形回复，仍剩余一部分变形。因此，在湿、热的作用下，剩余变形开始回复，织物表现出热缩性能。经向热缩率与经向缩水率存在负相关性是因为化纤四面弹的热缩率高且几乎不吸湿，并非普遍规律。

　　表 2.3.2 同样表明，不同温度条件下，纬向热缩率与纬向拉伸功、纬向拉伸率存在显著相关关系；150 ℃时，还与纬向最大拉伸应变率存在相关关系。拉伸功大表示织物不易变形，表明织造过程中引纬向张力导致的潜在应力比较大，遇热时应力快速消失，表现出热收缩率比较大。因此，纬向热缩率与纬向拉伸功显著相关。最大拉伸应变率越大表示织物的伸长大且回弹性好，因此，在湿、热作用下，织物容易产生回缩，热缩性比较显著。

　　由上面分析可知，面料未黏衬时，同一温度下，与织物的经向热缩率存在相关性的项目不同于与纬向热缩率存在相关性的项目。不同温度条件下，与织物的经向热缩率存在相关性的项目是不相同的，与织物的纬向热缩率存在相关性的项目也是不相同的，织物的拉伸率、缩水率、拉伸功、最大拉伸应变率等指标对热缩率都有着显著的影响。因此，对于服装企业而言，在生产前，一定要测量织物的拉伸率、缩水率，从而能够比较正确地选择生产工艺参数，准确确定样板的放缩量。

　　2. 面料黏比佳利衬时热缩率相关项目的确定

　　面料的热缩率与规格指标、性能指标以及力学指标之间的相关程度分析结果如表 2.3.3 所示。

表 2.3.3　面料黏比佳利衬时相关性分析结果

	—	经向拉伸率	经向急弹回复角	—	—
130 ℃	经向热缩率	0.999 **	0.929 *	—	—
	—	纬向拉伸功	纬向拉伸应变率	纬向拉伸率	—
	纬向热缩率	0.929 *	0.998 **	0.925 *	
150 ℃	—	经向拉伸率	—		
	经向热缩率	0.969 *			
	—	纬向拉伸功	压缩线性度	纬向摩擦系数	纬向缩水率
	纬向热缩率	0.903 *	0.920 *	0.910 *	−0.925 *
170 ℃	—	经向拉伸率	经向缩水率	—	—
	经向热缩率	0.961 *	−0.917 *	—	—
	—	纬向拉伸功	压缩线性度	纬向缩水率	—
	纬向热缩率	0.947 *	0.926 *	−0.921 *	

注：* 代表 0.05 水平上显著相关；* * 代有 0.01 水平上显著相关。

表 2.3.3 表明，不同温度条件下，经向热缩率与经向拉伸率显著相关。此外，它还与经向急弹性回复角、经向缩水率相关。4 类面料的经向急弹性回复角的数值非常接近，但是化纤四面弹的热缩率远大于其他面料的热缩率。因此，经向热缩率与经向急弹性回复角存在相关性属于特殊情况。

表 2.3.3 同样表明，不同温度条件下，纬向热缩率与纬向拉伸功存在相关关系。此外，纬向热缩率与纬向拉伸率、纬向缩水率、纬向拉伸最大应变率、压缩线性度等指标存在相关关系。压缩线性度表示织物的压缩弹性。化纤四面弹的纱线为涤纶网络丝，具有较好的弹性，并且化纤四面弹的热缩率远大于其他面料的热缩率。化纤四面弹的纱线为涤纶网络长丝，网络点外观呈束腰状，对长丝的表面性能有很大影响。因此，纬向热缩率与压缩线性度及摩擦系数存在相关关系也属于特殊情况。

通过分析可知，面料黏比佳利衬后，在同一温度下，与织物的经向热缩率存在相关性的项目不同于与纬向热缩率存在相关性的项目。在不同温度条件下，与织物的经向热缩率存在相关性的项目是不相同的，与纬向热缩率存在相关性的项目也是不相同的，织物的拉伸率、缩水率、拉伸功等指标对热缩率都有着显著的影响。

表 2.3.2、表 2.3.3 表明，未黏衬时的经向热缩率、纬向热缩率与某一指标的相关系数不同于黏比佳利衬时对应的相关系数。这说明相关指标对面料黏衬前后热缩率的相关程度存在一定的影响。

3. 面料黏进口无纺衬时热缩率相关项目的确定

面料的热缩率与规格指标、性能指标以及力学指标之间的相关程度分析结果如表 2.3.4 所示。

表 2.3.4　面料黏进口无纺衬时相关性分析结果

	—	经向拉伸率	—	—	—
130 ℃	经向热缩率	0.965 *	—		
	—	纬向拉伸功	纬向拉伸应变率	纬向摩擦因数	纬向拉伸率
	纬向热缩率	0.985 **	0.945 *	0.910 *	0.982 **
150 ℃		经向拉伸率	L_C	经向缩水率	—
	经向热缩率	0.912 *	0.907 *	−0.941 *	
		纬向拉伸功	纬向拉伸应变率	纬向摩擦因数	纬向拉伸率
	纬向热缩率	0.990 **	0.915 *	0.924 *	0.982 **
170 ℃	—	压缩线性度	经向缩水率		
	经向热缩率	0.952 *	−0.916 *		
	—	纬向拉伸功	纬向摩擦因数	纬向拉伸率	
	纬向热缩率	0.963 *	0.926 *	0.939 *	—

注：* 代表 0.05 水平上显著相关；** 代表 0.01 水平上显著相关

表 2.3.4 表明，130 ℃、150 ℃时，面料的经向热缩率与经向拉伸率存在相关性；150 ℃、170 ℃时，面料的经向热缩率与压缩线性度、经向缩水率存在相关性。

表 2.3.4 同样表明，不同温度条件下，纬向热缩率都与纬向拉伸功、纬向摩擦因数及纬向拉伸率存在显著相关性。此外，纬向热缩率还与纬向最大拉伸应变率存在相关关系。

与黏合比佳利衬相似，面料黏着进口无纺衬后，在同一温度下，与织物的经向热缩率存在相关性的项目不同于与纬向热缩率存在相关性的项目。在不同温度条件下，与织物的经向热缩率存在相关性的项目是不相同的，与纬向热缩率存在相关性的项目也是不相同的，织物的拉伸率、拉伸功等指标对热缩率有着显著的影响。

表 2.3.3、表 2.3.4 表明，黏比佳利衬时，经向热缩率、纬向热缩率与某一指标的相关系数不同于黏进口无纺衬时对应的相关系数。这说明不同种类的黏合衬对面料热缩率的影响程度是不相同的。

4. 面料黏三利衬 2096 时热缩率相关项目的确定

面料的热缩率与规格指标、性能指标以及力学指标之间的相关程度分析结果如表 2.3.5 所示。

表 2.3.5　面料黏三利衬 2096 时相关性分析结果

	—	经向拉伸功	经向拉伸应变率	经向摩擦因数	—
130 ℃	经向热缩率	0.941 *	0.918 *	0.978 *	
	—	纬向拉伸功	纬向拉伸应变率	纬向拉伸率	
	纬向热缩率	0.990 **	0.939 *	0.918 *	—

续表

150 ℃	—	经向摩擦因数	经向拉伸率	—	—
	经向热缩率	0.902 *	0.958 *	—	—
	—	纬向拉伸功	纬向拉伸应变率	回潮率	纬向拉伸率
	纬向热缩率	0.942 *	0.990 **	−0.916 *	0.954 *
170 ℃	—	经向摩擦因数	回潮率	经向拉伸率	—
	经向热缩率	0.915 *	−0.900 *	0.964 *	—
	—	纬向拉伸功	压缩线性度	纬向缩水率	—
	纬向热缩率	0.911 *	0.931 *	−0.934 *	—

注：* 代表 0.05 水平上显著相关；** 代表 0.01 水平上显著相关。

表 2.3.5 表明，不同温度条件下，面料的经向热缩率与表面摩擦因数显著相关。此外，它还与经向拉伸功、经向最大拉伸应变率、经向拉伸率、回潮率等指标存在相关关系。涤纶纤维的吸湿本领很低，回潮率也非常低，但化纤四面弹的热缩率非常高。因此，经向热缩率与回潮率存在显著的负相关并非普遍规律。

表 2.3.5 同样表明，130 ℃、150 ℃时，面料的纬向热缩率与纬向拉伸功、纬向最大拉伸应变率、纬向拉伸率存在相关关系；170 ℃时，面料的纬向热缩率与纬向拉伸功、压缩线性度及纬向缩水率存在相关关系。

通过分析可知，面料黏三利衬 2096 后，在同一温度下，与织物的经向热缩率存在相关性的项目不同于与纬向热缩率存在相关性的项目。在不同温度条件下，与织物的经向热缩率存在相关性的项目是不相同的，与纬向热缩率存在相关性的项目也是不相同的，织物的拉伸率、拉伸功等指标对热缩率有着显著的影响。

表 2.3.3、表 2.3.4、表 2.3.5 表明，在黏着不同黏合衬的条件下，面料的经向热缩率、纬向热缩率与同一指标的相关系数是不同的。这也说明了试验选用的三种黏合衬对面料热缩率的影响程度是不相同的。

三、天然纤维面料热缩率相关项目的确定

通过以上的相关性分析，可以看出某些指标与热缩率存在显著相关关系是由于化纤四面弹对应的性能比较显著，对数据的相关性分析影响较大。为了进一步验证面料种类对热缩率的影响，下面对天然纤维的面料热缩率相关项目进行分析。

1. 面料未黏衬时热缩率相关项目的确定

面料的热缩率与规格指标、性能指标以及力学指标之间的相关程度分析结果见表 2.3.6 所示。

表 2.3.6　面料未黏衬时相关性分析结果

	—	经向表面粗糙度	—	—	—	—
130 ℃	经向热缩率	−0.995 *	—	—	—	—
	—	纬向细度	纬向剪切刚度	纬向 0.5°剪切滞后矩	纬向 5°剪切滞后矩	纬向回潮率
	纬向热缩率	0.998 *	0.997 *	1.000 **	1.000 **	0.997 *
150 ℃	经向热缩率	—	—	—	—	—
	—	纬向摩擦因数均方差	—	—	—	—
	纬向热缩率	0.999 *	—	—	—	—
170 ℃	经向热缩率	—	—	—	—	—
	—	纬向厚度	纬向拉伸线性度	纬向拉伸回复率	压缩线性度	压缩功
	纬向热缩率	1.000 *	0.994 *	0.990 *	0.992 *	0.996 *
	—	压缩回复率	表观厚度	稳定厚度	—	—
		1.000 **	0.996 *	0.999 *	—	—

注:* 代表 0.05 水平上显著相关;** 代表 0.01 水平上显著相关

表 2.3.6 表明,仅在 130 ℃时,经向热缩率与表面粗糙度存在显著的负相关关系。表面粗糙度表示织物的平整性。精纺毛料的表面比较光滑,而热缩率又远大于真丝和乔其纱的热缩率。因此,经向热缩率与表面粗糙度存在相关关系。

表 2.3.6 同样表明,纬向热缩率与纬向细度、纬向剪切刚度、纬向剪切滞后矩、纬向回潮率、纬向摩擦因数均方差、纬向厚度、纬向拉伸线性度、纬向拉伸回复率、压缩线性度、压缩功、压缩回复率、表观厚度及稳定厚度等指标存在相关性。这些相关关系的成立是由于毛料对应的性能指标比较显著。因此,在研究热缩率与相应指标之间相关关系时,需要进一步区分面料的品种进行研究。

2. 面料黏比佳利衬时热缩率相关项目的确定

面料的热缩率与规格指标、性能指标以及力学指标之间的相关程度分析结果见表 2.3.7 所示。

表 2.3.7　面料黏比佳利衬时相关性分析结果

	—	经向剪切刚度	经向弯曲滞后矩	经向拉伸率	经向缓弹回复角	经向缩水率
130 ℃	经向热缩率	0.993 *	1.000 **	0.993 *	1.000 **	0.996 *
	—	纬向拉伸应变率	纬向弯曲刚度	纬向弯曲滞后矩	纬向急弹回复角	—
	纬向热缩率	1.000 **	−0.998 *	−0.997 *	−0.999 *	—
150 ℃	—	经向细度	经向拉伸线性度	经向弯曲滞后矩	经向回潮率	
	经向热缩率	−0.999 *	−0.995 *	−0.993 *	0.991 *	
	—	纬向拉伸回复率	压缩线性度	压缩回复率	—	
	纬向热缩率	1.000 **	1.000 **	0.990 *	—	

续表

		经向细度	经向拉伸线性度	经向剪切刚度	经向弯曲滞后矩	经向回潮率
170 ℃	经向热缩率	0.999 *	1.000 **	0.994 *	1.000 **	0.999 *
	纬向热缩率	厚度	纬向拉伸线性度	纬向拉伸回复率	压缩线性度	压缩回复率
		1.000 **	0.996 *	0.994 *	0.995 *	0.998 *
		表观厚度	稳定厚度	面密度	—	—
		0.994 *	0.997 *	0.990 *	—	—

注：* 代表 0.05 水平上显著相关；** 代表 0.01 水平上显著相关。

表 2.3.7 表明，经向热缩率与经向剪切刚度、经向弯曲刚度、经向弯曲滞后矩、经向拉伸率、经向缓弹性回复角、经向缩水率、经向细度、经向拉伸线性度、经向回潮率等指标之间存在显著相关关系，纬向热缩率与纬向最大拉伸应变率、纬向弯曲刚度、纬向弯曲滞后矩、纬向急弹回复角、纬向拉伸回复率、压缩线性度、压缩回复率、厚度、纬向拉伸线性度、面密度等指标之间存在显著相关关系。这些相关关系的存在主要由于毛料的热缩率远大于其他面料的热缩率，并且毛料的指标值与其他面料对应的指标值存在明显差异。因此，以上相关关系的成立与毛料的性能显著相关。为进一步了解不同种类织物热缩率的规律，建议将面料按原料成分分类，系统地研究一类织物的热缩率规律。

表 2.3.6、表 2.3.7 表明，未黏衬时经向热缩率、纬向热缩率对应的相关系数不同于黏衬后对应的相关系数，说明比佳利衬相关指标对面料热缩率的相关程度存在一定的影响。

3. 面料黏进口无纺衬时热缩率相关项目的确定

面料的热缩率与规格指标、性能指标以及力学指标之间的相关程度分析结果见表 2.3.8 所示。

表 2.3.8　面料黏进口无纺衬时相关性分析结果

		经向细度	经向悬垂系数	经向回潮率	—	—
130 ℃	经向热缩率	−0.990 *	−1.000 **	−0.989 *	—	—
	纬向热缩率	纬向拉伸线性度	纬向拉伸回复率	压缩线性度	纬向缓弹性回复角	—
		−0.997 *	−0.999 *	−0.998 *	−0.997 *	—
		纬向缩水率	面密度			
		1.000 **	−1.000 **			
150 ℃	经向热缩率	厚度	经向剪切刚度	经向0.5°剪切滞后矩	经向5°剪切滞后矩	经向弯曲刚度
		0.998 *	0.992 *	0.999 *	1.000 **	1.000 **
		压缩功	压缩回复率	表观厚度	稳定厚度	经向摩擦因数
		0.999 *	1.000 **	0.999 *	1.000 **	−0.998 *
	纬向热缩率	厚度	纬向拉伸线性度	纬向拉伸回复率	压缩线性度	压缩功
		−1.000 **	−0.992 *	−0.998 *	−0.990 *	−0.997 *
		压缩回复率	表观厚度	稳定厚度	—	—
		−1.000 **	−0.998 *	−0.999 *	—	—

续表

170 ℃	经向热缩率	经向细度	经向拉伸线性度	经向剪切刚度	经向5°剪切滞后矩	经向弯曲刚度
		0.989 *	0.995 *	1.000 **	0.988 *	0.994 *
		经向弯曲滞后矩	压缩功	表观厚度	稳定厚度	经向回潮率
		0.997 *	0.995 *	0.994 *	0.990 *	0.990 *
	—	纬向摩擦因数均方差	—	—	—	—
	纬向热缩率	−0.995 *	—	—	—	—

注：* 代表 0.05 水平上显著相关；** 代表 0.01 水平上显著相关。

表 2.3.8 表明，经向热缩率与织物的经向细度、经向悬垂系数、经向回潮率、厚度、经向剪切刚度、经向剪切滞后矩、经向弯曲刚度、压缩功、压缩回复率、表观厚度、稳定厚度、经向摩擦系数、经向拉伸线性度、经向弯曲滞后矩等指标之间存在相关关系，纬向热缩率与织物的纬向拉伸线性度、纬向拉伸回复率、压缩线性度、纬向缓弹性回复角、纬向缩水率、面密度、厚度、压缩功、压缩回复率、表观厚度、稳定厚度、纬向摩擦因数均方差等指标之间存在相关关系。面料的热缩率与织物的压缩性能指标(压缩线性度、压缩功、表观厚度、稳定厚度)存在相关关系主要由于毛料的热缩率远大于其他面料的热缩率，并且毛料的压缩性能指标值与其他面料对应的指标值存在明显差异。热缩率与其他指标之间相关关系的存在是由重磅真丝、乔其纱的性能特征所决定的。因此，为进一步了解不同种类织物热缩率的规律，建议将面料按原料成分分类，系统地研究一类织物的热缩率规律。

4.面料黏三利衬 2096 时热缩率相关项目的确定

面料的热缩率与规格指标、性能指标以及力学指标之间的相关程度分析结果见表 2.3.9 所示。

表 2.3.9　面料黏三利衬 2096 时相关性分析结果

130 ℃	—	压缩线性度	面密度	—	—
	经向热缩率	−0.988 *	−0.994 *	—	—
	纬向热缩率	—	—	—	—
150 ℃		经向拉伸功	经向拉伸回复率	经向拉伸应变率	—
	经向热缩率	0.999 *	−0.998 *	0.993 *	—
		纬向拉伸回复率	纬向弯曲刚度	纬向弯曲滞后矩	纬向急弹回复角
	纬向热缩率	−0.998 *	−0.995 *	−0.996 *	−0.992 *
		纬向缩水率	面密度	纬向缓弹回复角	
		0.996 *	−0.993 *	−0.999 *	
170 ℃	—	经向拉伸回复率	经向拉伸应变率	—	—
	经向热缩率	−0.997 *	1.000 **	—	—
	—	纬向拉伸应变率	纬向弯曲刚度	纬向弯曲滞后矩	纬向急弹回复角
	纬向热缩率	−0.999 *	0.993 *	0.991 *	0.996 *

注：* 代表 0.05 水平上显著相关；** 代表 0.01 水平上显著相关。

表 2.3.9 表明,面料的经向热缩率与经向压缩线性度、面密度、经向拉伸功、经向拉伸回复率、经向最大拉伸应变率等指标之间存在相关关系,纬向热缩率与纬向拉伸回复率、纬向弯曲刚度、纬向弯曲滞后矩、纬向急弹性回复角、纬向缩水率、面密度、纬向缓弹性回复角、纬向最大拉伸应变率等指标之间存在相关关系。这些相关关系的存在主要是由于乔其纱的热缩率与对应指标的相关程度比较显著。

上述结果表明,黏着不同衬时,经向热缩率、纬向热缩率对应的相关项目与相关系数并不相同,说明不同种类的黏合衬对相应指标与面料热缩率之间相关程度的影响是不相同的。

四、热缩率预测模型的建立

上文中分析了面料的热缩率与织物的性能指标、规格指标以及力学指标之间的相关关系。下面将运用回归分析建立经向、纬向热缩率与显著性指标之间的数学表达式。生产过程中可以利用表达式来预测、控制面料的热缩率。由于所测面料种类不是非常多,文中给出的表达式可以作为经向、纬向热缩率的预测模型,以期对企业的生产起到有效的指导作用。

1. 未黏衬时热缩率预测模型的建立

通过上文分析知道,面料未黏衬时,在不同温度条件下,与热缩率存在相关关系的指标是不一致的。因此,首先运用散点图来验证热缩率与相关指标之间的线性关系,再运用回归分析建立热缩率与相关指标之间的模型。

(1) 130 ℃时预测模型的建立

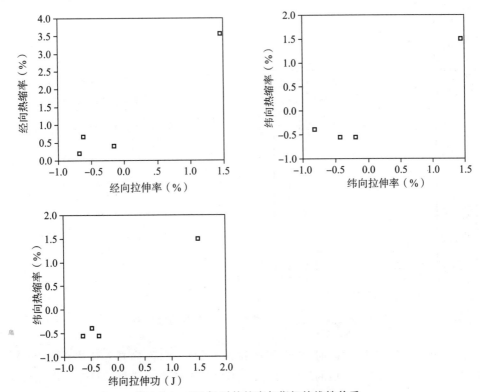

图 2.3.1 130 ℃时热缩率与指标的线性关系

图 2.3.1 表明,130 ℃未黏衬时,随着经向拉伸率的增加,经向热缩率大体上呈增加的趋势;随着纬向拉伸率、纬向拉伸功的增加,纬向热缩率也大体上呈增加的趋势。由此可知,变量之间呈线性关系。

热缩率与变量之间的预测模型见表 2.3.10 所示。

表 2.3.10　130 ℃时热缩率的预测模型

项目	预测模型	修正 R^2
经向	热缩率＝0.965×经向拉伸率	0.897
纬向	热缩率＝0.945×纬向拉伸率	0.840
	热缩率＝0.991×纬向拉伸功(科研用)	0.972

修正 R^2 指自变量与因变量之间的相关性。R^2 值越接近 1,预测模型的准确度就越高。考虑到测试力学指标所用仪器的费用、测试条件及企业的实际情况,本文给出适合企业使用的预测模型。科研用预测模型主要用于研究使用,文中予以注明(同下文)。

(2) 150 ℃时预测模型的建立

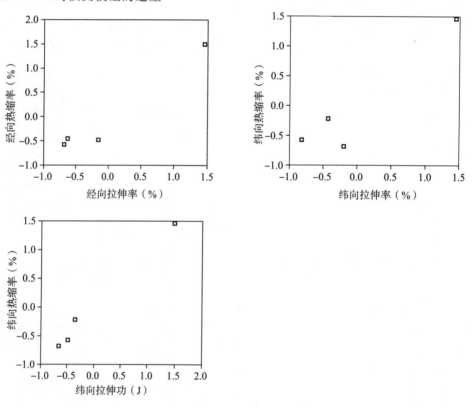

图 2.3.2　150 ℃时热缩率与指标的线性关系

图 2.3.2 表明,150 ℃未黏衬时,随着经向拉伸率的增加,经向热缩率大体上呈增加的趋势;随着纬向拉伸率、纬向拉伸功的增加,纬向热缩率也大体上呈增加的趋势。由此可知,变量之间呈线性关系。

热缩率与变量之间的预测模型见表 2.3.11 所示。

表 2.3.11　150 ℃时热缩率的预测模型

项目	预测模型	修正 R^2
经向	热缩率＝0.975×经向拉伸率	0.927
纬向	热缩率＝0.943×纬向拉伸率	0.835
	热缩率＝0.995×纬向拉伸功(科研用)	0.986

3. 170 ℃时预测模型的建立

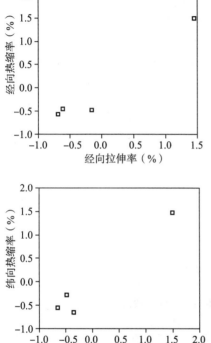
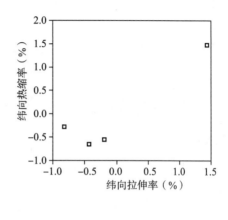

图 2.3.3　170 ℃时热缩率与指标的线性关系

图 2.3.3 表明,170 ℃未黏衬时,随着经向拉伸率的增加,经向热缩率大体上呈增加的趋势;随着纬向拉伸率、纬向拉伸功的增加,纬向热缩率也大体上呈增加的趋势。由此可知,变量之间呈线性关系。

热缩率与变量之间的预测模型见表 2.3.12 所示。

表 2.3.12　170 ℃时热缩率的预测模型

项目	预测模型	修正 R^2
经向	热缩率＝0.976×经向拉伸率	0.929
纬向	热缩率＝0.921×纬向拉伸率	0.773
	热缩率＝0.977×纬向拉伸功(科研用)	0.932

2. 黏比佳利衬时热缩率预测模型的建立

通过上文分析知道,面料黏比佳利衬时,在不同温度条件下,与热缩率存在相关关系的指标是不一致的。因此,先运用散点图来验证热缩率与相关指标之间的线性关系,再运用回归分析建立热缩率与相关指标之间的模型。

(1) 130 ℃时预测模型的建立

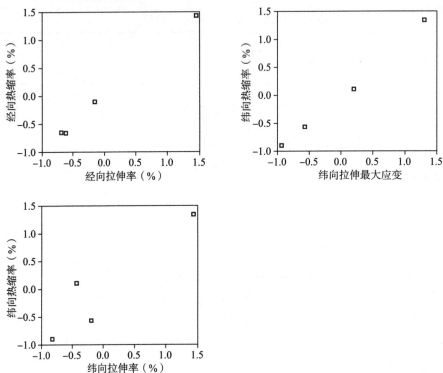

图 2.3.4　130 ℃时热缩率与指标的线性关系

图 2.3.4 表明,130 ℃黏比佳利衬时,随着经向拉伸率的增加,经向热缩率大体上呈增加的趋势;随着纬向拉伸率、纬向拉伸最大应变率的增加,纬向热缩率也大体上呈增加的趋势。由此可知,变量之间呈线性关系。

热缩率与变量之间的预测模型见表 2.3.13 所示。

表 2.3.13　130 ℃时热缩率的预测模型

项目	预测模型	修正 R^2
经向	热缩率＝0.999×经向拉伸率	0.997
纬向	热缩率＝0.925×纬向拉伸率	0.784
	热缩率＝0.998×纬向最大拉伸应变率(科研用)	0.994

（2）150 ℃时预测模型的建立

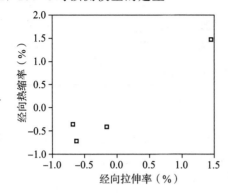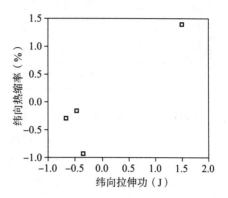

图 2.3.5　150 ℃时热缩率与指标的线性关系

图 2.3.5 表明,150 ℃黏比佳利衬时,随着经向拉伸率的增加,经向热缩率大体上呈增加的趋势;随着纬向拉伸功的增加,纬向热缩率也大体上呈增加的趋势。由此可知,变量之间呈线性关系。

热缩率与变量之间的预测模型见表 2.3.14 所示。

表 2.3.14　150 ℃时热缩率的预测模型

项目	预测模型	修正 R^2
经向	热缩率＝0.969×经向拉伸率	0.910
纬向	热缩率＝0.903×纬向拉伸功(科研用)	0.723

（3）170 ℃时预测模型的建立

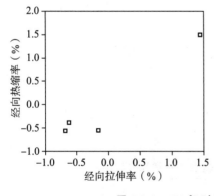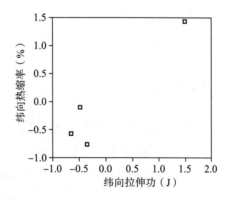

图 2.3.6　170 ℃时热缩率与指标的线性关系

图 2.3.6 表明,170 ℃黏比佳利衬时,随着经向拉伸率的增加,经向热缩率大体上呈增加的趋势;随着纬向拉伸功的增加,纬向热缩率也大体上呈增加的趋势。由此可知,变量之间呈线性关系。

热缩率与变量之间的预测模型如表 2.3.15 所示。

表 2.3.15　170 ℃时热缩率的预测模型

项目	预测模型	修正 R^2
经向	热缩率＝0.961×经向拉伸率	0.885
纬向	热缩率＝0.947×纬向拉伸功(科研用)	0.846

3. 黏进口无纺衬时热缩率预测模型的建立

通过上文分析知道,面料黏进口无纺衬时,在不同温度条件下,与热缩率存在相关关系的指标是不一致的。因此,先运用散点图来验证热缩率与相关指标之间的线性关系,再运用回归分析建立热缩率与相关指标之间的模型。

(1) 130 ℃时预测模型的建立

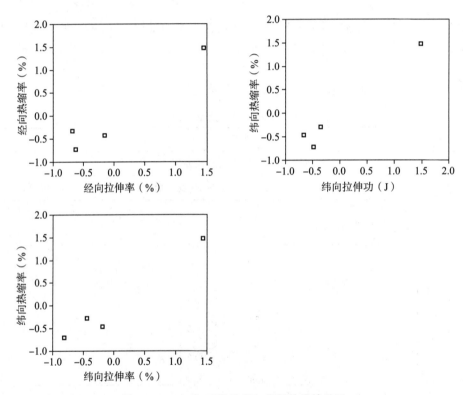

图 2.3.7　130 ℃时热缩率与指标的线性关系

图 2.3.7 表明,130 ℃黏进口无纺衬时,随着经向拉伸率的增加,经向热缩率大体上呈增加的趋势;随着纬向拉伸功、纬向拉伸率的增加,纬向热缩率也大体上呈增加的趋势。由此可知,变量之间呈线性关系。

热缩率与变量之间的预测模型见表 2.3.16 所示。

表 2.3.16　130 ℃时热缩率的预测模型

项目	预测模型	修正 R^2
经向	热缩率＝0.965×经向拉伸率	0.897
纬向	热缩率＝0.982×纬向拉伸率	0.946
	热缩率＝0.985×纬向拉伸功(科研用)	0.954

（2）150 ℃时预测模型的建立

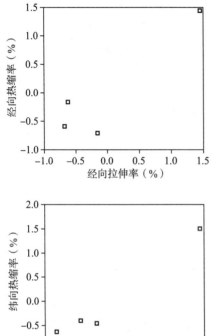
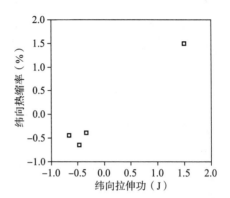

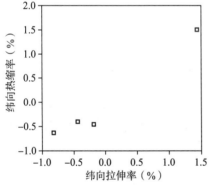

图 2.3.8　150 ℃时热缩率与指标的线性关系

图 2.3.8 表明,150 ℃黏进口无纺衬时,随着经向拉伸率的增加,经向热缩率大体上呈增加的趋势;随着纬向拉伸功、纬向拉伸率的增加,纬向热缩率也大体上呈增加的趋势。由此可知,变量之间呈线性关系。

热缩率与变量之间的预测模型见表 2.3.17 所示。

表 2.3.17　150 ℃时热缩率的预测模型

项目	预测模型	修正 R^2
经向	热缩率＝0.912×经向拉伸率	0.748
纬向	热缩率＝0.982×纬向拉伸率	0.946
	热缩率＝0.990×纬向拉伸功(科研用)	0.970

3. 170 ℃时预测模型的建立

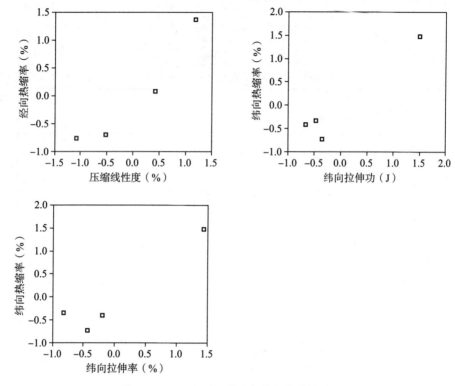

图 2.3.9　170 ℃时热缩率与指标的线性关系

图 2.3.9 表明，170 ℃黏进口无纺衬时，随着压缩线性度的增加，经向热缩率大体上呈增加的趋势；随着纬向拉伸功、纬向拉伸率的增加，纬向热缩率也大体上呈增加的趋势。由此可知，变量之间呈线性关系。

热缩率与变量之间的预测模型见表 2.3.18 所示。

表 2.3.18　170 ℃时热缩率的预测模型

项目	预测模型	修正 R^2
经向	热缩率＝0.952×压缩线性度（科研用）	0.860
纬向	热缩率＝0.963×纬向拉伸功（科研用）	0.892
	热缩率＝0.939×纬向拉伸率	0.823

4. 黏三利衬 2096 时热缩率预测模型的建立

通过上文分析知道，面料黏三利衬 2096 时，在不同温度条件下，与热缩率存在相关关系的指标是不一致的。因此，先运用散点图来验证热缩率与相关指标之间的线性关系，再运用回归分析建立热缩率与相关指标之间的模型。

（1）130 ℃时预测模型的建立

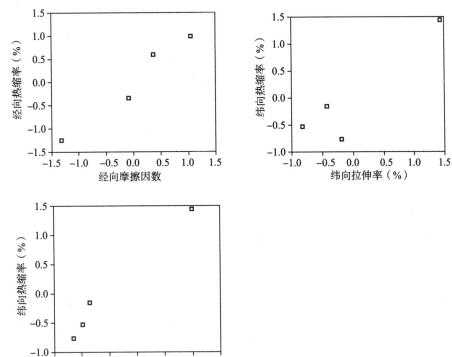

图 2.3.10　130 ℃时热缩率与指标的线性关系

图 2.3.10 表明，130 ℃黏三利衬 2096 时，随着经向摩擦因数的增加，经向热缩率大体上呈增加的趋势；随着纬向拉伸功、纬向拉伸率的增加，纬向热缩率也大体上呈增加的趋势。由此可知，变量之间呈线性关系。

热缩率与变量之间的预测模型见表 2.3.19 所示。

表 2.3.19　130 ℃时热缩率的预测模型

项目	预测模型	修正 R^2
经向	热缩率＝0.941×经向拉伸功(科研用)	0.828
纬向	热缩率＝0.918×纬向拉伸率	0.765
	热缩率＝0.990×纬向拉伸功(科研用)	0.972

（2）150 ℃时预测模型的建立

图 2.3.11 表明，150 ℃黏三利衬 2096 时，随着经向拉伸率的增加，经向热缩率大体上呈增加的趋势；随着纬向拉伸率、纬向最大拉伸应变率的增加，纬向热缩率也大体上呈增加的趋势。由此可知，变量之间呈线性关系。

热缩率与变量之间的预测模型见表 2.3.20 所示。

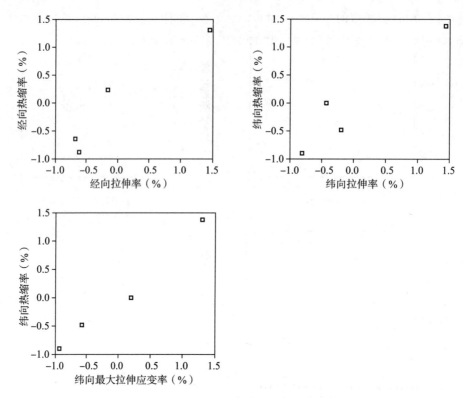

图 2.3.11　150 ℃时热缩率与指标的线性关系

表 2.3.20　150 ℃时热缩率的预测模型

项目	预测模型	修正 R^2
经向	热缩率＝0.958×经向拉伸率	0.876
纬向	热缩率＝0.954×纬向拉伸率	0.866
	热缩率＝0.990×纬向最大拉伸应变率（科研用）	0.970

（3）170℃时预测模型的建立

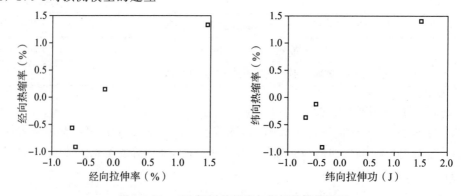

图 2.3.12　170 ℃时热缩率与指标的线性关系

图 2.3.12 表明,170 ℃黏三利衬 2096 时,随着经向拉伸率的增加,经向热缩率大体上呈增加的趋势;随着纬向拉伸功的增加,纬向热缩率也大体上呈增加的趋势。由此可知,变量之间呈线性关系。

热缩率与变量之间的预测模型见表 2.3.21 所示。

表 2.3.21　170 ℃时热缩率的预测模型

项目	预测模型	修正 R^2
经向	热缩率＝0.964×经向拉伸率	0.894
纬向	热缩率＝0.911×纬向拉伸功(科研用)	0.746

五、黏不同衬时热缩率预测模型建立的结论

① 在同一温度下,与织物的经向热缩率存在相关性的项目不同于与纬向热缩率存在相关性的项目。在不同温度条件下,与织物的经向热缩率存在相关性的项目是不相同的,与纬向热缩率存在相关性的项目也是不相同的,织物的拉伸率、拉伸功等指标对热缩率有着显著的影响。因此,对于服装企业而言,在生产前一定要测量织物的拉伸率。

② 未黏衬时,经向热缩率、纬向热缩率与某一指标的相关系数不同于面料黏衬时对应的相关系数,说明衬料对相关指标与面料热缩率之间的相关程度存在一定的影响。

③ 在黏着不同衬料的条件下,面料的经向热缩率、纬向热缩率与某一指标的相关系数是不同的,说明试验选用的三种衬料对相应指标与面料热缩率之间相关程度的影响是不相同的。

④ 在确定面料的热缩率与相关变量显著相关的基础上,利用散点图验证了变量之间的相关关系,利用回归分析建立了企业用、科研用热缩率预测模型,以期为服装企业的生产提供参考依据,能够比较准确地预测面料的经向、纬向热缩率:

经向热缩率＝A×经向拉伸率

纬向热缩率＝B×纬向拉伸率

纬向热缩率＝C×纬向拉伸功(科研用)

其中,A、B、C 为系数,需要根据不同种类面料、衬料的性能及热缩率的相关性来确定。

综上所述,在成衣生产中,面料受热后的收缩变化会影响成衣局部规格的准确与整体外观质量。因此,研究各种面料遇热后的收缩变化规律,一方面可以对其进行预测,以有效保证成衣规格的准确性,提高成衣外观质量,解决成衣加工的质量问题;另一方面可以将服装加工中的相关技术信息传达给纺织企业,以实现纺织、服装的合理对接,对服装业的发展有重大意义。

在测定了有代表性的 4 种面料规格与性能的基础上,测定分析了不同温度、不同黏衬冷却时间条件下未黏衬与黏衬面料的经向热缩率、纬向热缩率的变化规律,得到如下结论:

① 在同一温度条件下,无论黏衬还是没有黏衬,面料的经向热缩率都大于纬向热缩率。因此制作服装时,需要根据缩率,分别确定样板尺寸的经向、纬向增放量。衣领、克夫、门襟、驳头、袋盖、裤门襟等需要黏衬的衣片所对应的样板需要增加适当的放量,保证成衣尺寸的准确性。

② 面料熨烫后随冷却时间的延长,面料的热缩率下降,4～6 h趋于稳定。因此,在生产过程中,应根据热缩率变化规律,结合生产实际情况,尽可能使衣片熨烫后放置 2～4 h 再投入下一道生产工序,以保证成衣规格的准确性和外观的平整性。

③ 化纤四面弹在没有黏衬时,经向热缩率及纬向热缩率在 4 类面料中是最大的。在黏衬后,化纤四面弹的经向热缩率、纬向热缩率仍然远大于其他面料。在成衣生产过程中,这一点务必应该引起注意,对于生产类似的合纤面料,应尽可能经向过干热预处理后投入生产。

④ 黏着不同种类的黏合衬后,各种面料的经向、纬向热缩率发生了不同程度的变化,说明黏合衬的种类对面料的热缩率是有影响的,需要对各种衬料的具体影响做深入研究。

⑤ 在黏衬后,各种面料的经向热缩率、纬向热缩率基本上都随着熨烫温度的升高而增加。因此,成衣生产过程中,无论从保证成衣规格的准确性还是节约能源的角度讲,在保证剥离强度符合要求的前提下,都应尽可能使用较低的黏合温度。

⑥ 在黏衬后,乔其纱的经向热缩率、纬向热缩率并不完全随温度的升高而增加,有时反而降低,说明黏合衬对轻薄型面料热缩率的影响程度比对厚重型或高弹性面料的影响程度要显著。

进而,本研究在分析面料未黏衬时的热缩率、黏着不同衬料时的热缩率与面料规格指标和性能指标之间的相关性的基础上,得到如下结论:

① 在同一温度下,与面料的经向热缩率存在相关性的项目不同于与纬向热缩率存在相关性的项目。在不同温度条件下,与面料的经向热缩率存在相关性的项目是不相同的,与纬向热缩率存在相关性的项目也是不相同的,面料的伸长率、拉伸功等指标对热缩率有着显著的影响。因此,对于服装企业而言,在生产前一定要测量面料的伸长率。

② 面料黏衬前后的经向纬向热缩率与某一指标的相关系数不同,说明衬料对其有一定的影响,并且黏着不同衬料时面料的经向纬向热缩率与某一指标的相关系数也是不同的,说明不同衬料的影响程度是不相同的。对此,应该对黏合衬性能做进一步深入测试研究,掌握其性能特征规律,以便于成衣生产中正确选用。

③ 在确定面料的热缩率与相关变量显著相关的基础上,利用散点图验证了变量之间的相关关系,利用回归分析建立了热缩率预测模型,以期为服装企业生产中能够比较准确地预测面料的经向、纬向热缩率提供参考依据。预测模型如下:

$$经向热缩率＝A×经向伸长率$$

$$纬向热缩率＝B×纬向伸长率$$

$$纬向热缩率＝C×纬向拉伸功(科研用)$$

其中,A、B、C 为系数,需要根据不同种类面料、衬料的性能及热缩率的相关性来确定。

成衣生产过程中,半成品、成品与热源接触的机会很多,本研究选取了熨烫、黏衬两种情况。至于其他情况下与热源接触后成衣尺寸的变化,还有待于进一步研究。

本研究采用的冷却时间间隔为 2 h,考虑生产工序安排的实际情况,为提高企业的生产效率,建议试验过程中每间隔 10min 测量一次面料热缩率的变化,从而确定面料熨烫或者黏衬后需要冷却的合理时间。

文中的数据分析表明,不同纤维面料的热缩率是不一致的。为了进一步了解不同种类面料热缩率的规律,建议将面料按原料成分分类,比如可以分为棉、麻、丝、毛、合纤等种类。在每一种类中,选取一定量的面料进行性能指标、力学指标的测试,然后进行相关性分析,确定与热缩率显著相关的指标。最后,系统地研究某一类面料的热缩率规律,通过回归分析建立能够比较准确地预测面料经向、纬向热缩率的回归方程,以期能够正确地指导服装企业的生产。

第三章

面料在黏衬过程中的热缩率变化分析

第一节　柞蚕丝面料在黏衬过程中的缩率变化分析

柞蚕丝外观光洁柔软,富有弹性,具有良好的理化性能,已成为丝绸工业的重要原料,被广泛应用于人们的日常生活、外贸出口以及工业、国防等许多方面。

在柞蚕丝面料的服装加工制作过程中,织物的尺寸稳定性有着极其重要的作用。在生产中,由于工艺及技术的要求,要经常对衣片进行熨烫或黏衬处理,这样面料会产生一定收缩。如果不能很好掌握缩率对服装尺寸规格的影响,不但会影响服装的规格尺寸的达标,也会影响服装整体型态与合体程度等。所以,研究织物稳定性将更好地解决成衣生产加工时尺寸的变化,这是一个新的研究方向,符合当今服装行业发展的需要。

一、原材料的准备与测试

1. 试验原料

柞蚕丝面料规格参数见表 3.1.1。

表 3.1.1　柞蚕丝面料规格特征

原料成分	组织纹理	经纬密度(根/10 cm)		线密度(tex)		厚度(mm)	面密度(g/m²)	缩水率(%)	
		经向	纬向	经纱	纬纱			经向	纬向
100%柞蚕丝	平纹	300	333	1.5	0.889	0.232	75.45	5.60	−1.58

6种不同面密度的衬料(胶粒、胶型、底布相同,面密度不同)规格参数见表3.1.2。

表3.1.2 6种不同面密度的衬料规格特征

衬料名称	面密度(g/m²)	成分	衬料名称	面密度(g/m²)	成分
无纺衬1	30	涤棉	有纺衬1	195	涤棉
无纺衬2	25	涤棉	有纺衬2	175	涤棉
无纺衬3	20	涤棉	有纺衬3	160	涤棉

2.试验仪器设备

AL104型电子天平;YG101D型数字式厚度仪;NHG-600J热熔黏合机。

3.试验条件

(1)压烫机有关参数

$T=150$ ℃;$P=0.07\sim0.08$ kPa;$t=10$s;$v=1.4$m/min。

(2)试样规格

取30 cm×30 cm试样,距边缘5 cm范围内经纬向各做标记,按照压烫机工艺进行压烫后,取出试样,2 h后测定经纬向各组标记间尺寸,取平均值,利用下列公式计算热缩率。

$$热缩率=\frac{L_0-L_1}{L_1}\times100\%$$

式中:L_0——压烫前标记间平均距离(cm);

L_1——压烫后标记间平均距离(cm)。

4.试验结果

试验所得的面料的热缩率数据见表3.1.3所示。

表3.1.3 面料黏衬前后的尺寸变化

衬料名称	黏合后经向规格(cm)	经向黏合缩率(%)	黏合后纬向规格(cm)	纬向黏合缩率(%)
无纺衬1	24.77	0.93	24.91	0.37
无纺衬2	24.71	1.17	24.89	0.43
无纺衬3	24.56	1.77	24.75	1
有纺衬1	24.81	0.77	24.92	0.33
有纺衬2	24.78	0.87	24.91	0.37
有纺衬3	24.66	1.37	24.87	0.53

二、柞蚕丝面料在黏衬过程中的缩率变化分析

1.无纺衬黏合后缩率变化规律

(1)无纺衬黏合经向缩率变化规律(图3.1.1)

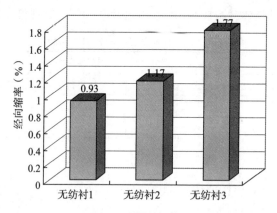

图 3.1.1 无纺衬与柞蚕丝面料黏衬后的经向缩率

由图 3.1.1 可知,无纺衬与柞蚕丝面料黏合后的经向缩率在 0.93%～1.77% 之间。

经向缩率:无纺衬 1＜无纺衬 2＜无纺衬 3。

试验显示:随着无纺衬的面密度的增大,经向缩率减小。这充分说明了柞蚕丝面料与无纺衬黏合时,与无纺衬的面密度有关系。

(2) 无纺衬黏合后纬向缩率变化规律(图 3.1.2)

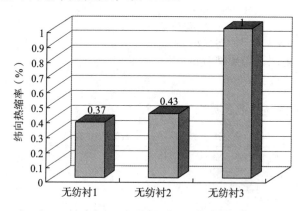

图 3.1.2 无纺衬与柞蚕丝面料黏合后的纬向缩率

由图 3.1.2 可知,无纺衬与柞蚕丝面料黏合后的纬向缩率为(0.37%～1%)。

纬向缩率:无纺衬 1＜无纺衬 2＜无纺衬 3。

试验显示:随着无纺衬的面密度的增大,纬向缩率减小。这充分说明了柞蚕丝面料与无纺衬黏合时,与无纺衬的面密度有关系。

(3) 无纺衬黏合后经、纬向热缩率对比分析

无纺衬与柞蚕丝面料黏合后的经、纬向热缩率见图 3.1.3。

由图 3.1.3 可知,无纺衬与柞蚕丝面料黏合后的经向缩率在 0.93%～1.77% 之间。

无纺衬与柞蚕丝面料黏合后的纬向缩率在 0.37%～1% 之间。

经、纬向热缩率:无纺衬 1＜无纺衬 2＜无纺衬 3。

效果表现:无纺衬 1 好于无纺衬 2,无纺衬 2 好于无纺衬 3。

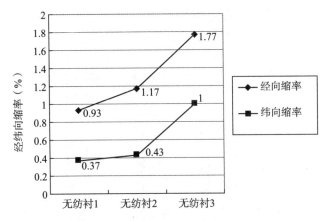

图 3.1.3　无纺衬与柞蚕丝面料黏合后的经、纬向热缩率

柞蚕丝面料与无纺衬黏合后,经向尺寸变化大于纬向的尺寸变化,经向热缩率大于纬向热缩率。这是由于织物具有热收缩性,加之在加工过程中的内部残留应力未完全消除,当受热时,纤维的约束力减弱,在长度方向均会产生一定的收缩;又由于加工时对纤维牵引所加的外力主要是在经向(丝绸面料主要是经丝张力,无纺衬布主要是从纵向梳理时的外力),而纬向因加工时外力相对较小,故缩率亦小。

同样都是无纺衬与柞蚕丝面料相黏合,但是黏合后的缩率却不相同。这充分说明了柞蚕丝面料与无纺衬黏时,与无纺衬的面密度有关系。对于无纺衬来说,黏合衬的面密度较大,热缩率较小,反映了无纺衬的面密度对柞蚕丝面料热缩率的影响较大,应选择适当的黏合衬与面料相匹配。

2. 有纺衬黏合后缩率变化规律

(1) 有纺衬黏合后经向热缩率变化规律

有纺衬与柞蚕丝面料黏合后的经向热缩率见图 3.1.4。

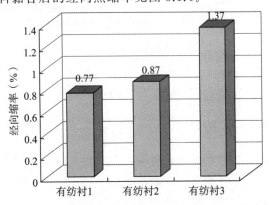

图 3.1.4　有纺衬与柞蚕丝面料黏合后的经向热缩率

由图可知:有纺衬与柞蚕丝面料黏合后的经向缩率在 0.77％～1.37％之间。

经向缩率:有纺衬 1＜有纺衬 2＜有纺衬 3。

试验显示,随着有纺衬的面密度的增大,经向缩率减小。这充分说明了柞蚕丝面料与有纺衬黏合时,与有纺衬的面密度有关系。

（2）有纺衬黏合后纬向热缩率变化规律

有纺衬与柞蚕丝面料黏合后的纬向热缩率见图 3.1.5。

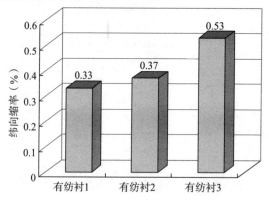

图 3.1.5　有纺衬与柞蚕丝面料黏合后的纬向缩率

由图可知：有纺衬与柞蚕丝面料黏合后的纬向缩率在 0.33%～0.53% 之间。

纬向缩率：有纺衬 1＜有纺衬 2＜有纺衬 3。

试验显示：随着有纺衬的面密度的增大，纬向缩率减小。充分说明了柞蚕丝面料与有纺衬黏合时，与有纺衬的面密度有关系。

（3）有纺衬黏合后经、纬向热缩率对比分析

有纺衬与柞蚕丝面料黏合后的经、纬向热缩率见图 3.1.6

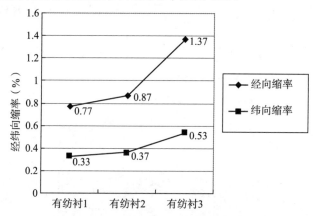

图 3.1.6　有纺衬与柞蚕丝面料黏合后的经、纬向缩率

由图 3.1.6 可知，有纺衬与柞蚕丝面料黏合后的经向缩率在 0.77%～1.37% 之间。

有纺衬与柞蚕丝面料黏合后的纬向缩率在 0.33%～0.53% 之间。

热缩率：有纺衬 1＜有纺衬 2＜有纺衬 3。

效果表现：有纺衬 1 好于有纺衬 2，有纺衬 2 好于有纺衬 3。

柞蚕丝面料与有纺衬黏合后，经向尺寸变化大于纬向的尺寸变化，经向热缩率大于纬向热缩率（原因同上）。

同样都是有纺衬与柞蚕丝面料相黏合，但是黏合后的缩率大小却不相同。这充分说明了柞蚕丝面料与有纺衬黏合时，与有纺衬的面密度有关系。对于有纺衬来说，黏合衬的面密度较

大,热缩率较小,反映了有纺衬的面密度对柞蚕丝面料热缩率的影响较大,应选择适当的黏合衬与面料相匹配。

3. 有纺衬、无纺衬黏合后缩率对比分析

(1) 有纺衬、无纺衬黏合后经向缩率对比分析

由图 3.1.1、图 3.1.4 可知无纺衬与柞蚕丝面料黏合后的经向缩率在 0.93%～1.77%之间。

有纺衬与柞蚕丝面料黏合后的经向缩率在 0.77%～1.37%之间。

经向缩率:有纺衬 1<无纺衬 1;有纺衬 2<无纺衬 2;有纺衬 3<无纺衬 3。

从中可知,有纺衬的经向缩率小于无纺衬的经向缩率。

(2) 有纺衬、无纺衬黏合后纬向缩率对比分析

由图 3.1.2、图 3.1.5 可知无纺衬与柞蚕丝面料黏合后的纬向缩率在 0.37%～1%之间。

有纺衬与柞蚕丝面料黏合后的纬向缩率在 0.33%和 0.53%之间。

纬向缩率:有纺衬 1<无纺衬 1;有纺衬 2<无纺衬 2;有纺衬 3<无纺衬 3。

从中可知,有纺衬的纬向缩率小于无纺衬的纬向缩率。

(3) 有纺衬、无纺衬黏合后经、纬向缩率对比分析

由图 3.1.3、图 3.1.6 可知无纺衬、有纺衬与柞蚕丝面料黏合后的经、纬向热缩率大小情况如下:

无纺衬经向:0.93%～1.37%；有纺衬经向:0.77%～1.77%。

无纺衬纬向:0.33%～1%；有纺衬纬向:0.33%～0.53%。

热缩率:有纺衬 1<无纺衬 1;有纺衬 2<无纺衬 2;有纺衬 3<无纺衬 3。

效果表现:有纺衬 1 好于无纺衬 1;有纺衬 2 好于无纺衬 2;有纺衬 3 好于无纺衬 3。

从中可知,无纺衬、有纺衬与柞蚕丝面料黏合后,有纺衬的热缩率小于无纺衬的热缩率；效果表现是有纺衬好于无纺衬(热缩率小的表现效果好)。

三、柞蚕丝面料在黏衬过程中的缩率变化规律

① 在同一温度条件下,无论柞蚕丝面料与有纺衬还是无纺衬相黏合,柞蚕丝面料的经、纬向缩率均发生了不同程度的变化。各种不同组合的试样在压烫黏合后都产生了一定的尺寸缩小倾向,同时经向缩率大于纬向缩率。因此在成衣生产中,可以先经过干热预缩处理后再投入生产,借此保证柞蚕丝面料在黏衬时尺寸的变化小。

② 有纺衬和无纺衬与柞蚕丝面料相黏合时,有纺衬的效果较好。

③ 柞蚕丝面料与不同面密度的无纺衬、有纺衬黏合,各种不同组合的试样在压烫黏合后都产生了一定的尺寸缩小倾向,但是缩小的程度却不相同。这说明黏合衬的面密度对面料的热缩率有影响,并且面密度较大的衬热缩率较小,表现出的效果较好。为了塑造出丝绸面料良好的悬垂性、柔软性,柞蚕丝面料使用黏合衬的面积不宜过大,只需要在服装的领子、门襟、袖头等主要部位使用,便可以塑造出比较理想的穿着效果。

第二节　毛涤面料定型温度与黏衬缩率的关联性研究

面料的尺寸稳定性对一些服装来说极其重要,是服装结构造型的基础。面料性能良好、尺寸稳定,才能使后续制作具有良好的可操作性,是合格服装的重要保障。

对于毛涤面料来说,后整理过程中的热定型处理是面料尺寸稳定性的重要保障。而热定型离不开温度,热定型温度控制得是否得当,直接影响到成品的风格和服用性能,必须加以重视。这对进一步提高毛涤产品的质量、增加产量、降低成本、提高劳动生产率,都有很大的意义。本研究之前,在热定型方面,国内外就织物的热定型效果、热定型温度对织物的若干性能的影响等已有不少研究;在黏合缩率方面,对缩率产生的大小和缩率对样板的规格影响等的研究也颇多。但是如何将面料热定型的温度和黏衬缩率结合起来研究还属空白。本研究用试验的方法,通过黏衬缩率的分析,测定了毛涤面料的热定型温度,具有一定的现实意义。

一、原材料的准备与测试

1. 试验用品与设备

（1）试验仪器

YG141 型织物厚度仪、AL104 型电子天平、玻璃棒、方形针板框、Y802 型八蓝恒温烘箱、JUMBNHG600JA 热熔黏合机。其中,黏合机的工艺参数为温度 120 ℃、压力 0.1N、速度1.4m/min。

（2）试验原料

50 块大小为 34 cm×34 cm 的毛涤白坯布,规格见表 3.2.1;25 块大小为 32 cm×32 cm 的无纺衬,规格见表 3.2.2;25 块大小为 32 cm×32 cm 的有纺衬,规格见表 3.2.3。

表 3.2.1　试验用试样规格及有关参数

品名	厚度（mm）	缩水率（%）		面密度（g/m²）	线密度（tex）	
		经向	纬向		经向	纬向
W/T（35/65）	0.868	−0.73	−0.46	264.65	48.8	46.8

表 3.2.2　试验用无纺衬规格及有关参数

品名	货号	成分	质量	幅宽	胶型	备注
无纺衬	T/Z41240−2	涤黏	40g 大粒	90 cm	LDPE	白色

表 3.2.3　试验用有纺衬规格及有关参数

品名	货号	成分	纱支	经纬密度（根/10 cm）	幅宽	胶型	备注
有纺衬	T/C2841223A3−3	涤棉	28ˢ/2×21ˢ	41×22	88 cm	PA	起绒漂白

2. 试验步骤与方法

根据尺寸稳定性试验方法(尺寸稳定性试验是将经过热定型后的试样以松弛状态在一定的

条件下处理,然后测量其长、宽尺寸的变化,以收缩百分率表示)设定试验步骤和方法。具体步骤为取约 34 cm×34 cm 的试样 40 块,依次钉在针板框上,分别经 4 个温度(180 ℃、190 ℃、200 ℃、210 ℃)热定型一段时间后取出,距布边去 14 cm,在布面上准确按 20 cm×20 cm 注上标注,然后把面料小样分别与无纺衬或有纺衬黏合,静置一段时间后,测量其标注间的经纬向尺寸变化情况。另取 10 块未经处理的试样,用相同的方法进行黏衬处理,并与前面面料做对比。计算所有数据的平均值,利用下列公式测出经纬向缩率,分析其变化规律,见表 3.2.4 和表 3.2.5。

$$缩率 = \frac{L_0 - L_1}{L_1} \times 100\%$$

式中:L_0 为压烫前标记间平均距离(cm)。L_1 为压烫后标记间平均距离(cm)。

表 3.2.4　与无纺衬黏合后的缩率

热定型温度(℃)	试验后经向尺寸(平均)(cm)	经向缩率(%)	试验后纬向尺寸(平均)(cm)	纬向缩率(%)
未经热定型	19.436	2.82	19.704	1.48
180	19.9	1.10	19.913	1.04
190	19.89	1.15	19.943	0.89
200	19.934	0.93	19.979	0.71
210	19.93	0.95	19.965	0.78

表 3.2.5　与有纺衬黏和后的缩率

热定型温度(℃)	试验后经向尺寸(平均)(cm)	经向缩率(%)	试验后纬向尺寸(平均)(cm)	纬向缩率(%)
未经热定型	19.38	3.10	19.67	1.65
180	19.871	1.25	19.928	0.96
190	19.863	1.29	19.932	0.94
200	19.916	1.02	19.976	0.72
210	19.913	1.04	19.974	0.73

二、毛涤面料定型温度与黏衬缩率的关联性分析

1. 不同的衬对缩率的影响

(1)无纺衬的经纬向缩率比较

由图 3.2.1 可知,在各热定型条件下(经不同温度热定型或未经热定型),面料与无纺衬黏合后的经纬向缩率为:

未定型时缩率:经向>纬向,且经向缩率为 2.82%、纬向为 1.48%,经向缩率比纬向大1.34%。

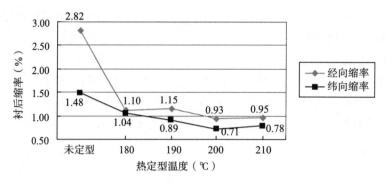

图 3.2.1　与无纺衬黏合后经纬向缩率

180 ℃时缩率:经向>纬向,且经向缩率为 1.10%、纬向为 1.04%,经向缩率比纬向大 0.06%。

190 ℃时缩率:经向>纬向,且经向缩率为 1.15%、纬向为 0.89%,经向缩率比纬向大 0.26%。

200 ℃时缩率:经向>纬向,且经向缩率为 0.93%、纬向为 0.71%,经向缩率比纬向大 0.22%。

210 ℃时缩率:经向>纬向,且经向缩率为 0.95%、纬向为 0.78%,经向比纬向大 0.17%。

即与无纺衬黏合时,在各个热定型温度下,经向产生的缩率大于纬向产生的缩率,并且,经热定型后的经纬向缩率差明显比未经热定型后的经纬向缩率差小。

(2) 有纺衬的经纬向缩率比较

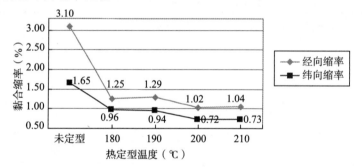

图 3.2.2　与有纺衬黏合后经纬向缩率

由图 3.2.2(与有纺衬黏合后经纬向缩率)可以看出,在各热定型条件下(经不同温度热定型或未经热定型),面料与有纺衬黏合后的的经纬向缩率为:

未定型时缩率:经向>纬向;经向缩率为 3.10%,纬向缩率为:1.65%,经向缩率比纬向大 1.45%。

180 ℃时缩率:经向>纬向;经向缩率为 1.25%,纬向缩率为 0.96%,经向缩率比纬向大 0.29%。

190 ℃时缩率:经向>纬向;经向缩率为 1.29%,纬向缩率为 0.94%,经向缩率比纬向大 0.25%。

200 ℃时缩率:经向>纬向;经向缩率为 1.02%,纬向缩率为 0.72%,经向缩率比纬向大

0.30%。

210 ℃时缩率:经向>纬向;经向缩率为 1.04%,纬向缩率为 0.73%,经向缩率比纬向大 0.31%。

即与有纺衬黏合时,在各个热定型温度下,经向产生的缩率大于纬向产生的缩率,并且,经热定型后的经纬向缩率差明显比未经热定型后的经纬向缩率差小。

（3）无纺衬和有纺衬的缩率比较

① 经向缩率分析

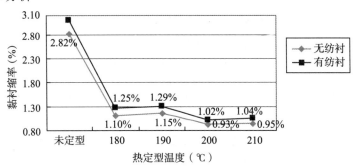

图 3.2.3　两种衬的经向缩率比较

由图 3.2.3(两种衬的经向缩率比较)可以看出,在各热定型条件下(经不同温度热定型或未经热定型),面料与有纺衬和无纺衬黏合后的的经向缩率为:

未定型时经向缩率:有纺衬>无纺衬;有纺衬缩率为 3.10%,无纺衬缩率为 2.82%,有纺衬比无纺衬大 0.28%。

180 ℃时经向缩率:有纺衬>无纺衬;有纺衬缩率为 1.25%,无纺衬缩率为 1.10%,有纺衬比无纺衬大 0.15%。

190 ℃时经向缩率:有纺衬>无纺衬;有纺衬缩率为 1.29%,无纺衬缩率为 1.15%,有纺衬比无纺衬大 0.14%。

200 ℃时经向缩率:有纺衬>无纺衬;有纺衬缩率为 1.02%,无纺衬缩率为 0.93%,有纺衬比无纺衬大 0.09%。

210 ℃时经向缩率:有纺衬>无纺衬;有纺衬缩率为 1.04%,无纺衬缩率为 0.95%,有纺衬比无纺衬大 0.09%。

即经向上,在各个热定型温度下,有纺衬的黏合缩率都大于无纺衬的黏合缩率,并且,两种衬经热定型后的缩率差明显比未经热定型后的缩率差小。

② 纬向缩率分析

由图 3.2.4(两种衬的纬向缩率比较)可以看出,在各热定型条件下(经不同温度热定型或未经热定型),面料与有纺衬和无纺衬黏合后的的纬向缩率为:

未定型时纬向缩率:有纺衬>无纺衬;有纺衬缩率为 1.65%,无纺衬缩率为 1.48%,有纺衬比无纺衬大 0.17%。

180 ℃时纬向缩率:有纺衬<无纺衬;有纺衬缩率为 0.96%,无纺衬缩率为 1.04%,有纺衬比无纺衬小 0.08%。

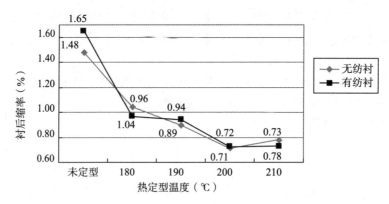

图 3.2.4　两种衬的纬向缩率比较

190 ℃时纬向缩率：有纺衬＞无纺衬；有纺衬缩率为 0.94％，无纺衬缩率为 0.89％，有纺衬比无纺衬大 0.05％。

200 ℃时纬向缩率：有纺衬＞无纺衬；有纺衬缩率为 0.72％，无纺衬缩率为 0.71％，有纺衬比无纺衬大 0.01％。

210 ℃时纬向缩率：有纺衬＜无纺衬；有纺衬缩率为 0.73％，无纺衬缩率为 0.78％，有纺衬比无纺衬小 0.05％。

在纬向范围内，两种衬经热定型后的缩率差明显比未经热定型后的缩率差小，而面料与两种衬黏合后产生的缩率随热定型温度的变化而不断发生变化，没有固定的规律，有待进一步研究。

总之，由上述分析可知，在不同的热定型条件下（不同热定型温度或未经热定型），面料与有纺衬或无纺衬黏合后的经向缩率明显比纬向缩率大，且面料与有纺黏合后的经向缩率比与无纺衬黏合后的经向缩率大。但随着定型温度的变化，面料与两种衬黏合后的纬向缩率不是很有规律，起伏波动较大，有待进一步研究。

可见衬的种类不同对面料经纬向的缩率有较大的影响。

2. 不同的热定型温度对黏衬缩率的影响

（1）热定型温度对无纺衬缩率的影响

① 经向缩率分析

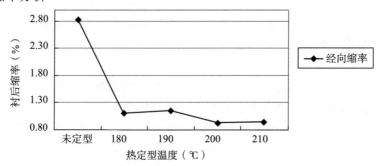

图 3.2.5　与无纺衬黏合后的经向缩率

由图 3.2.5 可知，面料与无纺衬黏合后，在经向范围内，织物经热定型后的缩率明显比未经热定型的缩率小,织物未经热定型处理的缩率比较大;热定型后,织物的缩率普遍变小。随着热定型条件的变化(不同温度热定型或未经热定型),面料的黏衬缩率变化趋势如下:

(未定型~180 ℃)↓　　(180 ℃~190 ℃)→　　(190 ℃~200 ℃)↘　　(200 ℃~210 ℃)↗

即织物经向在 200 ℃的热定型温度下,与无纺衬黏合后产生的缩率最小,稳定性最好。

② 纬向缩率分析

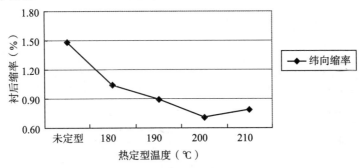

图 3.2.6　与无纺衬黏合后的纬向缩率

由图 3.2.6 可以看出,与无纺衬黏合后,在纬向范围内,织物经热定型后的缩率明显比未经热定型的缩率小,织物未经热定型处理的缩率比较大;热定型后,织物的缩率普遍变小。随着热定型条件的变化(不同温度热定型或未经热定型),面料的黏衬缩率变化趋势如下:

(未定型~180 ℃)↓　　(180 ℃~190 ℃)↘　　(190 ℃~200 ℃)↘　　(200 ℃~210 ℃)↗

即织物纬向在 200 ℃的热定型温度下,与无纺衬黏合后产生的缩率最小,稳定性最好。

在各热定型条件下(经不同温度热定型或未经热定型),织物与无纺衬黏合后,未经热定型处理的面料纬向缩率明显大于经热定型处理后的缩率。热定型温度方面,在 180 ℃和 190 ℃热定型时,织物经纬向变化趋势不一,且缩率较大,说明此热定型温度下的尺寸稳定性欠佳;210 ℃时经纬向的黏衬缩率逐渐变大,比在 200 ℃热定型温度下的缩率大;在 200 ℃下热定型,面料与无纺衬黏合后,经纬向缩率达到最小值,稳定性最好。由此可知,如果需要织物在黏衬过程中具有良好的尺寸稳定性,定型温度必须提高到 200 ℃,但继续提高定型温度,对织物的尺寸稳定性并无明显改善。

(2) 热定型温度对有纺衬缩率的影响

① 经向缩率分析

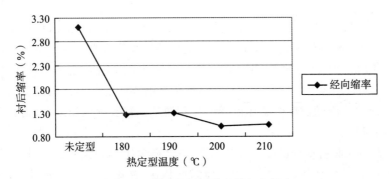

图 3.2.7　与有纺衬黏合后的经向缩率

由图 3.2.7 可以见,与有纺衬黏合后,在经向范围内,织物经热定型后的缩率明显比未经热定型后的缩率要小,织物未经热定型处理的缩率比较大;热定型后,织物的缩率普遍变小。随着热定型条件的变化(不同温度热定型或未经热定型),面料的黏衬缩率变化趋势如下:

(未定型~180 ℃)↓　　(180 ℃~190 ℃)→　　(190 ℃~200 ℃)↘　　(200 ℃~210 ℃)↗

即织物经向在 200 ℃的热定型温度下,与有纺衬黏合后产生的缩率最小,稳定性最好。

② 纬向缩率分析

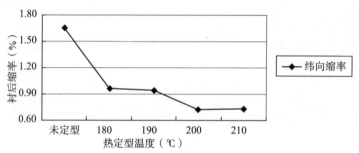

图 3.2.8　与有纺衬黏合后的纬向缩率变化

由图 3.2.8(与有纺衬黏合后的纬向缩率变化)可以看出,与有纺衬黏合后,在纬向范围内,未经热定型处理的缩率明显大于经热定型处理后的缩率。随着热定型条件的变化(不同温度热定型或未经热定型),面料的黏衬缩率变化趋势如下:

(未定型~180 ℃)↓　　(180 ℃~190 ℃)↘　　(190 ℃~200 ℃)↘　　(200 ℃~210 ℃)↗

即织物纬向在 200 ℃热定型温度下,与有纺衬黏合后的缩率最小,稳定性最好。

可见,在各热定型条件下(经不同温度热定型或未经热定型),织物与有纺衬黏合后,未经热定型处理的面料经纬向缩率明显大于经热定型处理的缩率。就定型温度来看,在 180 ℃和 190 ℃热定型时,织物经纬向变化趋势不一,且缩率较大,说明此定型温度下的尺寸稳定性欠佳;210 ℃时经纬向的黏衬缩率逐渐变大,比在 200 ℃热定型温度下的缩率大;在 200 ℃下热定型,面料与有纺衬黏合后,经纬向缩率达到最小值,稳定性最好。由此可知,如果需要织物在黏衬过程中具有良好的尺寸稳定性,定型温度必须提高到 200 ℃,但继续提高定型温度,对织物的尺寸稳定性并无明显改善。

三、毛涤面料定型温度与黏衬缩率的关联性分析结论

① 织物经热定型处理后的黏衬缩率明显比未经热定型处理的要小,热定型后织物的形态稳定性较好,可见,热定型在很大程度上能改善织物的尺寸稳定性。

② 黏着不同的衬后,面料的经、纬向尺寸发生了不同程度的变化,说明黏合衬的种类对缩率的大小是有影响的。从大体上说,在经向上,面料与有纺衬黏合后的的缩率大于与无纺衬黏合后的缩率;纬向缩率则随温度的变化出现起伏和波动。在实际应用之前,需要对各种衬料的具体影响作深入研究。

③ 200 ℃为毛涤面料最佳的热定型温度。如果需要织物在黏衬过程中具有良好的尺寸稳定性,定型温度必须提高到 200 ℃。与其他温度相比,使用 200 ℃对面料进行热定型,织物经纬向缩率最小,尺寸稳定性最好,有助于产品质量的提升和能源的节约。

④ 织物经热定型后的尺寸稳定性比较好,但还会产生一定的缩率。在实际生产过程中,特别是服装的样板制作过程中,要特别注意各控制部位的尺寸变化。

第三节 涤纶面料的热定型温度对其黏合尺寸的影响

一、涤纶面料的热定型概述

涤纶既有很好的强度及耐摩擦性能,又有很好的形状稳定性及耐光、耐气候、耐化学药品等性能。用涤纶面料制作的服装,不仅成本较低,并具有坚牢、挺括、易洗快干等特点,深受消费者的欢迎。

目前在服装市场上涤纶使用较多,前景广阔,发展空间较大。但是涤纶面料的热收缩量较大,严重影响着服装尺寸的稳定性,这也是目前市场上使用涤纶来进行服装加工所存在的较严重问题之一。对于这方面存在的问题,有关的学者与专家已经进行了相关研究,但一般大都是讨论涤纶面料在染整加工中受到的各种加工工艺条件对其造成的性能的影响,例如"染整前的处理工艺对涤纶长丝织物力学性能的影响"和"涤纶长丝织物在染整加工中缩率的变化"等。本书则主要讨论涤纶面料在染整加工中的热定型对黏合尺寸的影响。

在染整加工过程中,影响织物尺寸和性能的工艺条件有很多,比如织物的抗皱处理、酸碱性处理、热定型以及染色过程中染料性能等。其中热定型是一道必不可少的工艺,主要是因为热定型对织物尺寸稳定性的影响较大,织物经过热定型后,其尺寸的稳定性会有所提高。

本节通过试验来讨论涤纶面料在不同的热定型温度条件下对黏合尺寸的影响。通过试验得出由于热定型温度条件不同,在黏衬时织物尺寸的变化是不同的;即使在相同的热定型温度条件下,不同的黏合温度对黏合尺寸的影响也不相同。根据试验数据,可以分析出经涤纶面料在黏合时的热收缩变化规律。

这些试验规律对服装厂进行涤纶面料的生产加工有很大的指导意义。如在面料的裁剪过程中,根据涤纶经向和纬向的热收缩规律,必须在裁剪前预先留出面料的热收缩量,从而保证服装尺寸的稳定;黏衬时,在满足黏合要求的前提下选择最合适的黏合温度,可以减少面料的损耗,提高服装尺寸的稳定性。

1. 热定型

(1) 热定型定义

织物的热定型又称热处理,是利用加热使织物获得定形效果的过程。其目的是消除拉伸时产生的内应力和缺陷结构。

(2) 热定型方式

热定型有两种不同的方式:一种是张力热定型(紧张热定型);另一种是自由状态下热定型(松弛热定型)。本试验所采用的是紧张热定型。

(3) 热定型工艺

热定型工艺可根据有水与否分为湿热定型和干热定型。由于水分对涤纶的膨化作用较小,所以选择热定型工艺为干热定型。干热定型的加热方式是由蒸汽加热实施的。

2. 热定型的原理

涤纶纤维由结晶部分和无定型部分组成。在施加张力时加热到 160 ℃ 以上的情况下,涤纶纤维分子中分子链段运动加剧,克服分子内应力,致使分子重新排列,又迅速冷却后使新的分子排列固定下来,这样达到尺寸稳定的效果。这个过程使结晶度提高,但是结晶区在继续受高温加热后仍然要熔融而变化,直到新的排列结束为止。因此定型温度是决定定型效果的关键。一般来讲定型温度的范围为 180~232 ℃。低于这个温度会使结晶区转化不充分,在定型后遇到高温热处理后,分子排列由于结晶区的熔化而变化,影响织物的尺寸稳定。而高于这个温度,纤维达到熔点而受到损伤。因此定型工艺中温度的掌握是一个关键。影响涤纶热定型效果及其性能的因素很多,除了热定型温度外,还有热定型时间和张力等。本试验把热定型的温度确定为 180 ℃、190 ℃、200 ℃、210 ℃,定型时间为 60s。在试验过程中,保持面料表面平整,不能过松也不能过紧。

改变热定型的温度、时间和张力中的任一要素都会对热定型效果产生影响,得出不同的试验结论。由于研究的时间和条件有限,本试验主要讨论热定型的温度这一要素,其他两个因素固定不变。在试验过程中,通过改变热定型的温度条件来讨论热定型对织物黏合尺寸的影响。

二、原材料的准备和测试

1. 试验材料和设备

（1）试验样品的制备

面料:取相同的涤纶面料(此种涤纶面料为染完色但是还没有定型的面料),剪裁成 30 cm×30 cm 规格试样,热定型后在试样内画 25 cm×25 cm 的正方形(为了保证丝缕直正,正方形的四条边都要抽丝)。

辅料:取常用的非织造类黏合衬(即无纺衬),剪裁成与面料试样规格相同的试样(即 30 cm×30 cm)。在裁剪与黏衬时,要注意保证面料与辅料的经纬向分别保持一致。

（2）试验设备与工具

黏合设备:Jumb NHG 600 JA 黏合机。

热定型设备:KeTong 202-4 型电热恒温干燥箱。

2. 试验的步骤及操作方法

（1）试验步骤与方法

① 取相同的涤纶面料(此种涤纶面料为已染色但是还没有定型的面料),剪裁成 30 cm×30 cm 规格试样。

② 把裁剪后的试样固定在装有针板的木架上,要求木架的规格与试样的规格相同。需要注意的是在固定时要保证面料平整,不能用力拉伸。这主要是因为张力的大小对试验的结果会造成影响。

③ 把试样放进烘箱里,加热 1min 后取出试样,静置在桌面上。由于取出试样时,烘箱内蒸汽与外界接触,使烘箱的温度会稍微有所下降。为了减小烘箱的温度差异,待时间间隔 5min 后再放入下一块试样。烘箱的温度分别设置为 180 ℃、190 ℃、200 ℃、210 ℃,试样数量为 15 块。

④ 把热定型后的试样进行抽丝,并在每一块试样上分别标注出经纬纱向。抽丝后在面料上画出规格为 25 cm×25 cm 的正方形。

⑤ 用黏合机把无纺衬黏合到面料的反面,黏合的温度分别为 130 ℃和 150 ℃。

⑥ 根据不同的时间段对试样做测量,每隔 1 h 测量一次。分别记录试验后 0～5 h 的试验数据,结果保留到小数点后第一位。

（2）热缩率的评价标准

按照以上试验条件,在热定型、黏衬处理后根据经纬方向的长度变化及式 3.3.1,分别计算其经纬向的热缩率。

$$热缩率=[(L_1-L_2)/L_1]\times100\%$$ 式 3.3.1

式中:L_1 为经向(纬向)处理前长度;L_2 为经向(纬向)处理后长度。

三、涤纶面料的热定型温度对其黏合尺寸的影响分析及结论

1. 试验结果分析

表 3.3.1　黏合温度为 130 ℃时涤纶面料经纬向的热缩率(%)

热定型温度(℃)	缩率	0 h	1 h	2 h	3 h	4 h	5 h
180	经向	1.7	1.3	1.1	1.3	1.4	1.4
	纬向	0.8	0.6	0.6	0.5	0.7	0.7
190	经向	1.2	1.0	0.8	1.1	1.1	1.1
	纬向	0.6	0.4	0.3	0.4	0.5	0.5
200	经向	0.7	0.6	0.5	0.6	0.6	0.6
	纬向	0.5	0.4	0.3	0.4	0.4	0.4
210	经向	1.2	0.9	0.9	1.1	1.1	1.1
	纬向	0.6	0.5	0.4	0.5	0.5	0.5

表 3.3.2　黏合温度为 150 ℃时涤纶面料经纬向的热缩率(%)

热定型温度(℃)	缩率	0 h	1 h	2 h	3 h	4 h	5 h
180	经向	1.8	1.6	1.5	1.7	1.7	1.7
	纬向	0.9	0.8	0.7	0.8	0.8	0.8
190	经向	1.7	1.6	1.5	1.5	1.6	1.6
	纬向	0.7	0.6	0.5	0.5	0.6	0.6
200	经向	0.8	0.7	0.6	0.7	0.7	0.7
	纬向	0.6	0.5	0.4	0.4	0.5	0.5
210	经向	1.2	1.1	1.1	1.2	1.2	1.2
	纬向	0.7	0.6	0.5	0.5	0.6	0.6

通过表 3.3.1、表 3.3.2 可以看出当黏合温度分别为 130 ℃、150 ℃时,涤纶在不同的热定型温度下,其经纬向的热缩率随着时间改变会不断地发生变化,并不是一个稳定的值。

经纬向热缩率的整体变化趋势为:0 h 的热缩率最大,1 h 至 2 h 后,热缩率有所减小,4 h 至 5 h 后热缩率趋于一个稳定值,几乎不变。

虽然黏合温度不同,但两者都是当热定型温度为 180 ℃时,经纬向的热缩率最大,而当热定型温度为 200 ℃时,经纬向的热缩率最小。

2. 热缩率值的确定

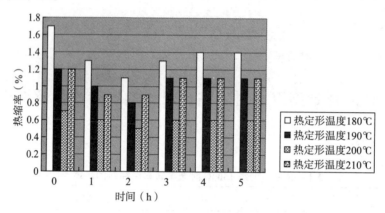

图 3.3.1　黏合温度为 150 ℃时涤纶面料经向热缩率的变化

通过图 3.3.1 可以明显的观察出在各个热定型温度条件下,涤纶面料的热缩率在不同时间段的变化是不同的。0 h 的热缩率最大,1 h 后热缩率有所下降,3 h 后热缩率又稍微回升一点,4 h、5 h 以后,热缩率不再随时间的变化而改变,而是趋于一个稳定的值。

为了更加清晰地表现出不同时间段经向热缩率的变化趋势,下面以热定型温度为 180 ℃、黏合温度为 150 ℃为例来分析说明涤纶经向的热缩率的变化趋势,如图 3.3.2 所示。

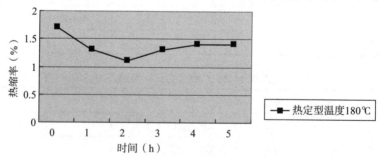

图 3.3.2　不同时间段涤纶面料经向热缩率的变化趋势

从图 3.3.2 中可以明显地看出涤纶面料经向热缩率的变化趋势:从开始时的最大到减小,到最后趋于一个稳定的值。其他试验条件下涤纶热缩率的变化趋势(图 3.3.1)与此相同。根据这一趋势把涤纶面料在不同的热定型温度以及黏合温度下所测得的热缩率的稳定值就视为涤纶在此试验条件下的最终热缩率值,于是得出不同试验条件下涤纶的热缩率,如表 3.3.3 所示。

表 3.3.3　黏合温度为 130 ℃、150 ℃时涤纶面料的热缩率

热定型温度(℃)	热缩率(%)			
	130 ℃黏合温度		150 ℃黏合温度	
	经向	纬向	经向	纬向
180	1.4	0.7	1.7	0.8
190	1.1	0.5	1.6	0.6
200	0.6	0.4	0.7	0.5
210	1.1	0.5	1.2	0.6

3. 黏合温度为 130 ℃时经、纬向热缩率的比较

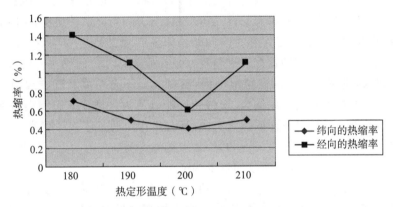

图 3.3.3　黏合温度为 130 ℃涤纶面料的热缩率变化

从图 3.3.3 明显地观察到表示涤纶面料经向热缩率的折线转折较大,而表示纬向热缩率的折线则比较平缓、转折较小,并且始终位于经向热缩率的折线下方。这说明热定型温度条件对经向热缩率的影响较大而对纬向热缩率的影响较小,并且经向的热缩率大于纬向的热缩率。

（4）黏合温度为 150 ℃时经、纬向热缩率的比较

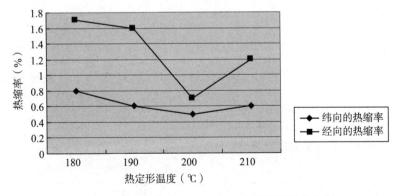

图 3.3.4　黏合温度为 150 ℃涤纶面料的热缩率变化

图 3.3.4 所显示的热缩率的变化与图 3.3.3 大致相同,但由于此时的黏合温度比图 3.3.3

的黏合温度要高,试验测得的热缩率值也比图 3.3.3 的数值大。因此在进行成衣加工过程中,在满足黏合条件的前提下,选择黏合温度时应尽量选择较低的温度,以便减少资源的浪费。

从图 3.3.3 和图 3.3.4 还可以观察出在各个热定型温度条件下,折线的变化趋势基本一致,随着热定型温度的升高,涤纶面料经、纬向的热缩率随之下降,至 200 ℃时达到最低点,210 ℃时又有所回升,说明当热定型温度为 200 ℃时,涤纶面料经、纬向的热缩率最小,此时经、纬向的尺寸稳定性最好。

第四节　毛料在服装黏衬过程中的缩率变化分析

目前,我国的服装出口的数量、效益都在逐年攀升,特别是近年来,国内服装行业紧跟国际流行趋势,不断提高产品质量,完善产品性能。但是,与国际先进水平相比,我国服装业的发展水平还不高,在成衣生产过程中还存在很多问题。如规格尺寸变化、移位量、针损伤等。其中,规格尺寸变化越来越引起人们的重视。规格尺寸是指服装各部位的尺寸。成衣各部位的尺寸应该符合工艺要求,应该在允许的误差范围内,否则就是不合格品。成衣规格尺寸的准确与否,与面料的纤维构成、面料的组织结构、面料的性能以及为保证成衣造型美观制作中所使用的衬料的种类与性能等原材料方面的因素有关,还与生产中的工艺条件有关,如样板尺寸的准确性、铺料张力的均匀性、缝制用缝纫线的张力、熨烫温度的高低等有关。掌握原材料的性能,采用正确的生产工艺,是提高成衣质量的重要保证。

随着毛纺织工业的快速发展,毛料的品种层出不穷。它们在服装的舒适性方面有绝对优势,倍受消费者青睐。但同时,毛料在服装的成衣加工过程中也存在一些问题,比如在服装黏衬过程中会产生尺寸规格变化从而影响成衣质量。讨论分析这一变化,可以解决服装厂的实际问题,做到心中有数,从而指导生产实践,提高产品合格率。

本节就毛料在服装黏衬过程中,不同黏衬温度及放置时间条件下面料的缩率变化情况加以研究,为进一步的科研作铺垫,其研究具有一定的新颖性。

一、原材料的准备

1. 试验材料

选择毛料和三种衬料(比佳利衬、进口无纺衬和三利衬 2096),其规格特征见表 3.4.1、表 3.4.2。

表 3.4.1　毛料的规格特征

组织		经纬密度(根/10 cm)		线密度(tex)		厚度 (mm)	面密度 (g/m²)
		经向	纬向	经纱	纬纱		
毛料	五枚二飞纬面锻纹	464	240	40	37.5	0.82	262.98

表 3.4.2　衬料的规格特征

衬料	面密度(g/m²)	缩水率(%)		回潮率(%)
		经向	纬向	
比佳利衬	381.3	0	0	0.78
进口无纺衬	297.4	0	0	9.17
三利衬 2096	496.1	0	0	0.55

2. 试验方法与仪器

用压烫机测定不同黏衬温度(130 ℃、150 ℃、170 ℃)及放置时间(0 h、2 h、4 h、6 h、8 h)状态下毛料的经纬热缩率。利用下列公式计算热缩率。

$$热缩率 = \frac{L_0 - L_1}{L_0} \times 100\%$$

其中,L_0指压烫前标记间平均距离(cm);L_1指压烫后标记间平均距离(cm)。

二、毛料在服装黏衬过程中的缩率变化分析

1. 试验测量结果

见表 3.4.3 所示。

表 3.4.3　毛料黏衬时的热缩率　　　　　　　单位:%

面料	衬料	温度(℃)		热缩率				
				马上测量	2 h时测量	4 h时测量	6 h时测量	8 h时测量
毛料	比佳利衬	130	经向	1.25	0.97	0.8	0.72	0.72
			纬向	0.69	0.33	0.27	0.23	0.20
		150	经向	2.13	1.56	1.17	1.11	1.10
			纬向	1.13	0.60	0.51	0.51	0.50
		170	经向	2.07	1.87	1.67	1.67	1.67
			纬向	1.89	1.25	0.93	0.91	0.91
	进口无纺衬	130	经向	0.83	0.59	0.59	0.49	0.50
			纬向	0.83	0.43	0.33	0.28	0.26
		150	经向	2.04	1.81	1.63	1.56	1.56
			纬向	1.24	0.79	0.57	0.56	0.52
		170	经向	2.59	2.16	2.11	2.10	2.10
			纬向	1.56	0.99	0.85	0.76	0.76
	三利衬 2096	130	经向	1.48	1.09	0.93	0.85	0.90
			纬向	0.56	0.23	0.17	0.13	0.13
		150	经向	3.2	2.31	2.10	2.10	2.10
			纬向	1.35	0.69	0.60	0.48	0.40
		170	经向	2.80	2.20	2.10	2.0	2.0
			纬向	1.80	1.09	0.89	0.87	0.87

2. 试验结果分析

如图 3.4.1、图 3.4.2、图 3.4.3 所示。

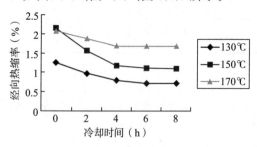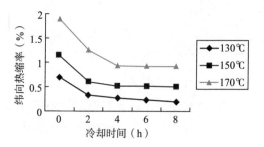

图 3.4.1　黏比佳利衬时的热缩率变化情况

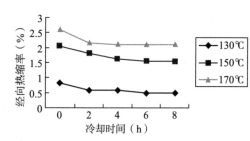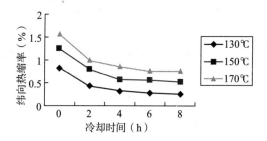

图 3.4.2　黏进口无纺衬时的热缩率变化情况

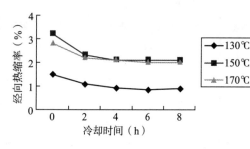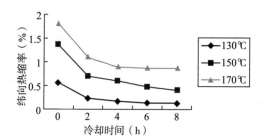

图 3.4.3　黏三利衬 2096 时的热缩率变化情况

3. 热缩率随冷却时间的变化规律

从图 3.4.1、图 3.4.2 和图 3.4.3 可以看出，毛料在黏着比佳利衬、进口无纺衬和三利衬 2096 时，随着冷却时间的延长，毛料的经向热缩率和纬向热缩率都呈现逐渐下降的规律，在冷却 4～6 h 后达到稳定值。

4. 热缩率随黏合温度的变化规律

从图 3.4.1、图 3.4.2 和图 3.4.3 可以看出，毛料在黏着比佳利衬、进口无纺衬和三利衬 2096 时，随着黏合温度的变化，毛料的经向热缩率和纬向热缩率都随着黏合温度的升高而增加。因此，服装加工过程中，无论从保证成衣规格的准确性还是从节约能源的角度讲，在保证剥离强度符合要求的前提下，都应尽可能使用较低的黏合温度。

5. 经、纬向热缩率的变化规律

观察图 3.4.1、图 3.4.2 和图 3.4.3 发现，在同一温度、时间条件下，毛料的经向热缩率都大于纬向热缩率。

6. 热缩率随黏合衬的变化规律

图 3.4.1、图 3.4.2 和图 3.4.3 同时表明，黏着不同种类的黏合衬后，毛料的经、纬向热缩率都发生了不同程度的变化，这说明黏合衬的种类对毛料的热缩率是有影响的，其还有待于进一步研究。

三、毛料在服装黏衬过程中的缩率变化分析结论

① 在同一温度条件下，毛料的经向热缩率都大于纬向热缩率。因此制作服装时，需要根据缩率，分别确定样板尺寸的经、纬向增放量。衣领、克夫、门襟、驳头、袋盖、裤门襟等需要黏衬的衣片对应的样板需要增加适当的放量，保证成衣尺寸的准确性。

② 毛料黏衬后随冷却时间的延长，面料的热缩率下降，4～6 h 趋于稳定。因此，在生产过程中，应根据热缩率变化规律，结合生产实际情况，尽可能使衣片黏衬后放置 2～4 h 再投入下一道生产工序，以保证成衣规格的准确性和外观的平整性。

③ 黏着不同种类的黏合衬后，经、纬向热缩率发生了不同程度的变化，说明黏合衬的种类对面料的热缩率是有影响的，需要对各种衬料的具体影响做深入研究。

④ 在黏衬后，毛料的经向热缩率、纬向热缩率基本上都随着熨烫温度的升高而增加。因此，在成衣生产过程中，应尽可能使用较低的黏合温度。

第四章

黏合缩率对成衣纸样的影响

第一节　黏合缩率对服装样板细部规格以及服装板型的影响

一、服装样板制作与黏合缩率关系概述

在服装的加工制作过程中,样板的制作起着极其重要的作用。服装工业样板是成衣加工工业有组织、有计划、有步骤、保质保量地进行生产的保证。服装工业样板内涵丰富,服装规格尺寸及服装的轮廓造型是构成服装工业样板的决定性因素。而在成衣加工过程中,由于其工序复杂,各相关工序对服装样板均会产生误差影响,尤其是服装加工预热过程中的材料缩率对样板的影响较为明显。黏合缩率是指成衣在生产加工过程中,衣片经过黏衬后所产生的收缩变形现象。在成衣生产中,由于工艺及技术的要求,要经常对衣片进行熨烫或黏衬处理,这样面料就会产生一定收缩,因此如果不能很好地掌握其规律,不但会影响服装规格尺寸的标准,也会影响服装整体型态与合体程度等,从而影响企业经济效率,更会影响企业信誉度。

目前,在服装企业生产中,对服装样板制作与黏合缩率关系的处理方式主要有四种方法。第一种是企业在制板过程中根本不考虑面料的缩率问题,使得衣片在加工过程中遇热后,服装的成品规格、细部规格以及服装形态出现较大偏差,但这类服装厂多为小本经营的粗加工企业,对服装的品质要求并不高。第二种是企业在进行成衣加工之前,先对服装材料进行预缩处理,这样做既不方便又费时费力,而且,此种方法只适用于定制式服装企业生产,对于大批量生产则不适用。第三种是企业利用面料小样进行试验,先测出面料的缩率,按成衣规格打出样板,再在原样板的基础上加放出黏合缩量,形成新的样板,这种方法叫作二次加放,虽然准确度高,但从加工成本上考虑费时又费力。第四种方法是将热缩率测试出来后,将其加入成品规格

中,这样就减少了二次加放的麻烦,但是在实际应用中虽然保证了成品规格的准确,但细部规格与板型存在一定偏差。

本节以成衣生产热黏合时的缩率为例,将三种典型的样板各部位缩率处理数值(二次加放、规格加放、不记缩率)与标准值进行比较分析,从黏合缩率对服装样板细部规格以及服装板型的影响着手分析,寻求最优最好的解决方案,以便为提高企业生产效率、降低生产成本、保证成衣规格的准确性提供依据与方法。

二、面料黏合缩率的测试与合体衣身叠加样板制作

以化纤四面弹面料为例,通过试验测出其经、纬向黏合缩率,结合服装企业制板过程中对黏合缩率的三种不同处理方法,进行服装样板控制部位与细部数据进行比较分析。

1. 面料黏合缩率的测试

将化纤四面弹面料小样分别放入 JUMB NHG 600JA 热熔黏合机中,在一定温度下进行测试,每间隔 2 h 进行规格变化的测量,至 10 h 测完,观察规格变化以及稳定时间。最后,通过所得试验数据计算出面料的热缩率。测试出来的黏合缩率见表 4.1.1。热缩率计算公式为:

$$热缩率 = \frac{(缩前尺寸 - 缩后尺寸)}{缩前尺寸} \times 100\% \qquad 式 4.1.1$$

表 4.1.1　温度 150 ℃时面料缩率表(稳定时间 2 h)

面料	次数	1	2	3	4	5	缩率(%)
化纤四面弹	经向	23.44	23.49	23.93	23.47	23.58	5.52
	纬向	24.15	24.42	24.4	24.3	24.3	2.72

2. 加黏合缩率后合体衣身叠加样板制作

选取号型 160/84A 合体成衣规格(见表 4.1.2),分别用三种黏合缩率在样板中的处理方法,制作 1∶1 比例的前后衣身框架样板,并将制作完成的前后衣身框架样板修正后进行叠加。通过叠加的 3 套样板取得关键点的相关数据(见图 4.1.1)。

表 4.1.2　成品规格表

身高	领围	肩宽	胸围	衣长	腰节
160/84A	38	40	84	60	38

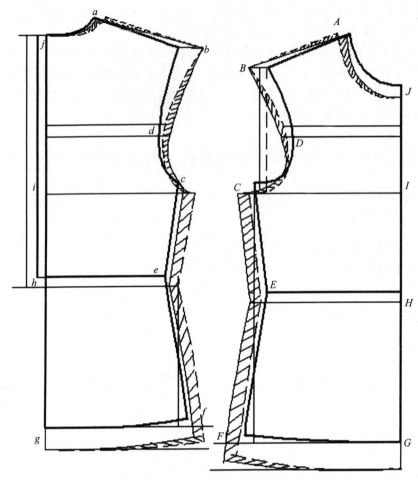

粗线:不记缩率;细线:标准(二次加放);虚线:规格加放

图 4.1.1　3 种不同处理方式样板叠加图

三、黏合缩率对样板细部规格和服装板型的影响分析

1. 黏合缩率对服装样板细部规格的影响

（1）黏合缩率对前衣身腰节以上细部规格影响

表 4.1.3　前衣身样板腰节以上关键点比较

关键点\点位	标准值(二次加放)	规格加放	不记缩率	点差	
A	(7.7,y)	(7.72,y)	(7.3,y)	−0.02	+0.4
B	(21.1,y)	(21.1,y)	(20,y)	0	+1.1
C	(23.22,22.4)	(23.16,22.73)	(22,21.8)	+0.06	+1.22
				−0.33	+0.6

续表

关键点\点位	标准值（二次加放）	规格加放	不记缩率	点差	
D	$(16.99, y)$	$(16.8, y)$	$(16.1, y)$	$+0.19$	$+0.89$
I	$(x, 22.4)$	$(x, 22.73)$	$(x, 21.8)$	-0.33	$+0.6$
J	$(x, 7.81)$	$(x, 8.02)$	$(x, 7.6)$	-0.21	$+0.21$

注：关键点 A、B、C、D、I、J 对应服装位置见图 4.1.1。

结合图 4.1.1，表 4.1.3 显示点 A 处 $A_1 < A_2$，点 J 处 $J_1 < J_2$，可以看出，点 A、点 J 是决定前领口大小的关键点；规格法加放黏合缩率所取得的前领口深较二次加放（标准点）领口深点大 0.21 cm。从细部看，说明采用规格法加放黏合缩率方式改变领口深约一个档；从整体上看，将黏合缩率加放在规格中方法扩大了前领围度。

点 B 处，B1＝B2，说明两种加放方法在点 B 处影响相同，但由于点 A 处变化不同，使规格法加放黏合缩率所取得的前肩长小于二次加放法的前肩长。点 C 处，$C_1 > C_2$，二次加放大于规格加放，C 点的变化将影响胸围尺寸，使规格法加放黏合缩率所取得的前胸围小于二次加放的前胸围。点 D 是决定袖窿门宽的关键点，由表 4.1.3 可以看出规格法加放黏合缩率所取得的前袖窿门宽小于二次加放。点 I 处，$I_1 < I_2$，规格法加放黏合缩率所取得的袖窿深大于二次加放的前袖窿深。

对于忽略黏合缩率方法取得的各个点上看，其细部规格均比二次加放与规格法加放黏合缩率小。由点差可以看出，不记缩率的点差最大，其中以点 B_3、C_3 最为明显，说明黏合缩率对肩部和前胸围的影响较大，规格法加放的点差比较小，均在 1 以下，与二次加放规格接近并互有交叉，其误差较小。

（2）黏合缩率对前衣身腰节以下细部规格影响

表 4.1.4　前衣身样板腰节以下关键点的比较

关键点\点位	标准值（二次加放）	规格加放	不记缩率	点差	
C	$(23.2, 22.4)$	$(23.16, 22.73)$	$(22, 21.8)$	$+0.06$	$+1.22$
				-0.33	$+0.6$
E	$(21.22, y)$	$(21.16, y)$	$(20, y)$	$+0.06$	$+1.22$
F	$(24.75, 61.8)$	$(24.66, 61.7)$	$(23.51, 58.5)$	$+0.15$	$+1.24$
				$+0.1$	$+3.3$
G	$(x, 63.31)$	$(x, 63.31)$	$(x, 60)$	0	$+3.31$
H	$(x, 41.03)$	$(x, 41.03)$	$(x, 38)$	0	$+3.03$

由 4.1.4 表可以看出，C 点的变化同前上衣身；点 E、F 处，$E_1 > E_2$、$F_1 > F_2$，说明规格法加放黏合缩率小于二次加放。点 E 与点 F 处的不同变化，将对前腰围与前摆围产生一定的影响，使规格法加放黏合缩率所取得的前腰围、前底摆围小于二次加放法。点 G、H 处，$G_1 = G_2$、$H_1 = H_2$，说明两种加放方法在点 G、H 处影响相同，但相对于 G_3、H_3 来说变化较大。从取得的点差值中可以看出，相对于前衣身腰节以上部位来说，黏合缩率对前衣身腰节以下细部规格影响更大，其中不记缩率误差值最大。

此外,由表 4.1.3 与表 4.1.4 中可以看出,对于整个前衣身来说,规格法加放黏合缩率所取得的领口宽、领口深、领围、袖窿深均大于二次加放;规格法加放黏合缩率所取得肩长、袖窿门宽、胸围、腰围、底摆围均小于二次加放;二次加放的前腰节长、前衣长与规格加放相同;不记缩率的点差最大,规格法加放黏合缩率所取得的前衣身样板相对不记黏合缩率的误差小;黏合缩率对肩部和前胸围影响较大,对前衣身腰节以下部位影响更大,不记缩率误差也最大。

（3）黏合缩率对后衣身腰节以下细部规格影响

表 4.1.5　后衣身样板腰节以上关键点的比较

关键点\点位	标准值（二次加放）	规格加放	不记缩率	点差	
a	$(7.7,y)$	$(7.72,y)$	$(7.3,y)$	-0.02	$+0.4$
b	$(21.1,y)$	$(21.1,y)$	$(20,y)$	0	$+1.1$
c	$(21.1,22.4)$	$(21.16,22.73)$	$(20,21.8)$	-0.06	$+0.79$
				-0.33	$+0.6$
d	$(18.04,y)$	$(17.8,y)$	$(17.1,y)$	$+0.24$	$+0.94$
i	$(x,22.4)$	$(x,22.73)$	$(x,21.8)$	-0.33	$+0.6$

注:关键点 a、b、c、d、j 对应服装位置见图 4.1.1。

对于后衣身样板腰节线以上部位来说,点 a 处,$a_1 < a_2$,点 b 处,$b_1 = b_2$,点 d 处,$d_1 > d_2$,点 i 处,$i_1 < i_2$。结合图 4.1.1 及表 4.1.5 可以看出,以上各点的变化规律与前衣身各点的变化规律相同,只有 $c_1 < c_2$,说明 c 点处规格加放黏合缩率所取得样板在该点处大于二次加放的加放量。同时,由于 c 点的变动也将对后衣身腰节以下的变化规律产生一定的影响。

在误差上来讲,后衣身样板腰节线以上部位变化没有前衣身明显,但仍可看出黏合缩率对肩部和胸围影响较大,对规格加放来说领口处和肩部误差最小。

（4）黏合缩率对后衣身样板腰节以下细部规格影响考察

表 4.1.6　后衣身样板腰节以下关键点的比较

关键点\点位	标准值（二次加放）	规格加放	不记缩率	点差	
c	$(21.1,24.4)$	$(21.16,24.73)$	$(20,21.8)$	-0.06	$+1.1$
				-0.33	$+2.6$
e	$(19.1,y)$	$(19.16,y)$	$(18,y)$	-0.06	$+1.1$
f	$(22.6,61.8)$	$(22.66,61.9)$	$(21.5,58.5)$	-0.06	$+1.1$
				-0.1	$+3.3$
g	$(x,63.31)$	$(x,63.31)$	$(x,60)$	0	$+3.31$
h	$(x,41.03)$	$(x,41.03)$	$(x,38)$	0	$+3.03$

注:关键点 c、e、f、g、h 对应服装位置见图 4.1.1。

对于后衣身来说,点 c 处,$c_1 < c_2$,点 e 处,$e_1 < e_2$,点 f 处,$f_1 < f_2$,说明规格加放黏合缩率所取得的后胸围、后腰围、后底摆围大于二次加放,与前衣身样板腰节线以下相反;这是由于 C 点处二次加放的放缩量小于规格加放的放缩量所导致的。点 g、h 处,两种方法的加放量无变化,见表 4.1.6。

由表 4.1.5 与 4.1.6 中可以看出，对于后衣身来说，后衣身样板腰节线以上与前衣身样板腰节线以上的变化规律相同，但是后下衣身与前下衣身的变化规律截然相反，前衣身腰节以下各相关点仍然是规格加放小于二次加放，后衣身却是规格加放大于二次加放。对于缩率而言，仍然是肩部和前胸围影响较大，对后衣身腰节以下影响更大于后衣身腰节以上，误差也较大。

2. 黏合缩率对服装板型的影响

（1）黏合缩率对腰节以上服装板型的影响

表 4.1.7　前衣身腰节以上控制部位数据的比较　　　　　　　　单位：cm

控制部位	标准（二次加放）	规格加放	不记缩率	变化量	
1/2 领口宽	7.7	7.72	7.3	−0.02	+0.4
前领口深	7.81	8.02	7.6	−0.21	+0.21
前领围	12.1	12.3	11.8	−0.2	+0.3
后领围	8.1	8.2	7.8	−0.1	+0.3
肩长	14	13.9	13.4	0.1	+0.6
肩斜（°）	19.2	19.5	20	−0.5	−1
前袖窿弧长	22.4	23	20	−0.6	+2.4
前袖窿深	17.9	18.23	16.3	−0.33	+1.6
前袖窿门宽	16.99	16.8	16.1	+0.19	+0.89
后袖窿弧长	21.8	22.2	19.8	−0.4	+2
后袖窿深	19.9	20.23	18.3	−0.33	+1.6
后袖窿门宽	18.04	17.8	17.1	+0.24	+0.94

① 由表 4.1.7 中各控制部位数据变化可以看出，二次加放的前后领口宽、前领口深、前后领围均小于规格加放，这将对板型以及加工完成的领型产生一定的影响。二次加放的前领口弧线圆顺、服贴，规格加放的前领口较宽松，应根据不同的领型要求选择合适的方法。但是，如果不考虑样板中的黏合缩率，整个领型则会变小，使生产出的成衣的领围与成品规格偏差较大。

② 肩斜度是影响肩部造型的关键因素，从表 4.1.7 中数值变化可以看到：规格加放黏合缩率法所取得的肩斜度大于二次加放的肩斜度，两种不同方法所取得的肩斜度分别为 19.5° 与 19.2°。若不记黏合缩率则肩斜度大于 20°，超出了标准肩斜度，使加工出的成品服装的肩部具有溜肩体特征。

③ 袖窿弧线的形状与长度决定着服装的整体造型与穿着效果，袖窿弧线长度小，服装板型为合体、贴体或紧身，袖窿弧线长度大则决定服装板型为宽松、休闲或肥大。从取得的各相关数据来看，规格加放黏合缩率所取得的前后袖窿弧长、前后袖窿深均大于二次加放值，这说

明采用规格加放黏合缩率所取得的服装板型与原始的标准板型不符。对于不记缩率法而言，袖窿弧线长度会更小，甚至小于人体所需尺寸。由于规格加放的袖窿深应用的是经向加放，误差较大，因此对于袖窿要求特别严格的服装来说，最好不用规格法加放。

④ 人的体型有扁平体与圆体之分，对于扁平体型的人而言，在结构打板中袖窿门宽应加大，对于圆体体型的人袖窿门宽会小一些。表4.1.7中数值显示，规格法加放黏合缩率所取得的前后袖窿门宽均大于二次加放法，因此，二次加放法更适用于圆体体型，规格法加放则适用于扁平体，而圆体比扁平体更为广泛。

（2）黏合缩率对腰节以下服装板型的影响

表 4.1.8　前衣身腰节以下控制部位数据的比较　　　　单位：cm

控制部位	标准值（二次加放）	规格加放	不记缩率	变化量	
前胸围	23.22	23.16	22	＋0.06	＋1.22％
前腰围	21.22	21.16	20	＋0.06	＋1.22％
前底摆宽	24.75	24.66	23.51	＋0.15	＋1.24％
后胸围	21.1	21.16	20	－0.06	＋1.1％
后腰围	19.1	19.16	18	－0.06	＋1.1％
后底摆宽	22.6	22.66	21.5	－0.06	＋1.1％

对于衣身来说，前后衣身腰节以下部位变化规律截然相反，前衣身仍然是规格加放黏合缩率法小于二次加放，后衣身趋势规格加放黏合缩率法大于二次加放。这是前面已经得出的结论，由表4.1.8及图4.1.1也可以看出这一点。前后衣身腰节以下部位的这种不同变化将对衣身侧缝的位置产生一定影响，采用二次加放侧缝向后偏，规格加放侧缝向前偏。

（3）黏合缩率与服装样板变量间的关系分析

由于对服装款式造型的要求不同，服装加工工艺手段不同，使得服装在加工制作过程中的黏合部位与黏合的面积也均有不同要求。黏衬部位由于黏合过程的遇热影响，各控制部位规格、相关结构线以及对位点会在原有的基础上出现回缩现象，这使得前后衣片的各个对位点将发生偏移。忽略服装的加工黏合缩率或考虑黏合缩率但偏差较大，则服装的细部规格、各对位点以及服装板型会受到影响。若重新修板则较繁琐。如果找出黏合缩率与服装样板变量间的关系，只需知道缩率及标准成衣规格就可直接制板的话，就省去了二次修板的麻烦，通用且简单。

① 黏合缩率与样板间的变量关系

分别选取前袖窿门、前胸围、肩宽三个控制部位，以1％、2％、3％、4％、5％缩率，计算其在不同缩率下增加黏合缩率后的制板规格，并对表4.1.7、表4.1.8中数据进行档差值分析，由图4.1.2可以看出，以上三个部位细部规格在缩率为1％、2％、3％、4％、5％条件下呈线性关系，且属于一元线性回归。

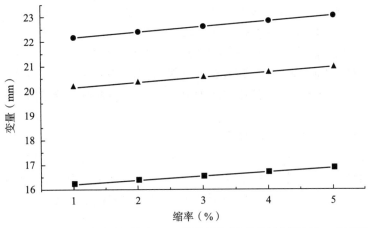

● 是黏合缩率和前袖窿门宽之间关系；　　▲ 是黏合缩率和前胸围之间关系；　　■ 是黏合缩率和肩宽之间关系

图 4.1.2　黏合缩率与样板间的变量关系图

② 黏合缩率与服装样板变量间的线性方程

从样板细部规格与缩率间的数据分析中确定,黏合缩率与服装样板变量间的关系呈线性关系,可根据线性方程 $y=ax+b$ 建立计算增加黏合缩率后的各细部规格式。

a. 细部规格线性方程的建立

设：w 为加放缩率后的标准值,r 为原细部规格,α 为缩率

则通过线性关系求各部位加放缩率后的标准值 W 的关系式为：

$$w=r+r\alpha \qquad\qquad 式\ 4.1.2$$

其中：$\alpha=n/100$(缩率),$n=1,2,\cdots$；r 为各部位公式或数值参数。

b. 线性方程式在制板中的应用

以男西服为例,某男西服的成衣规格为胸围 104 cm、肩宽 48 cm、领围 40 cm、衣长 77 cm、袖长 62 cm,若面料热缩率为 2.27%,利用线性方程计算其各部位加缩后的规格。

例：加缩后袖窿深 $=r(1+\alpha)=25.8(1+2.27\%)=26.574$ mm

加缩后前领围 $=r(1+\alpha)=7.7(1+2.27\%)=7.931$ mm

经验证计算后所获取的各部位加缩后的规格均与标准值相符,该线性方程不但可应用于黏合缩率结构打板中,也可应用于其他缩率,如铺料缩率,即若测出面料的铺料缩率,直接应用在公式中进行结构制板,就没有必要将面料放置一段时间甚至一天时间之后再进行裁剪。也可以应用在抽褶皱的服装工艺中,如知道前身抽 10%的褶皱量,就可以直接正常制板,而不用进行分割剪展。此外,还可应用于服装 CAD 打推板的软件设计中。

四、黏合缩率对样板细部规格和服装板型的影响分析结论

① 对于衣身细部规格来说,前衣身腰节以上部位采用规格加放黏合缩率所取得的领口宽、领口深、领围、袖窿深均大于标准值,后衣身腰节以下部位采用规格加放黏合缩率方法小于标准计算所得的肩长、袖窿门宽、胸围、腰围、底摆围,后衣身与前衣身腰节以上部位的变化规律相同；后衣身与前衣身腰节以下部位的变化规律截然相反。这说明了采用规格法加放黏合

缩率取得的衣身样板与初始的样板相比,无论在细部规格上还是在板型上均会出现一定偏差,影响服装的质量、成品与细部规格的准确性以及服装的适体性。

② 从三种不同制板方法上看,不记缩率的误差最大。规格加放误差相对较小,但对板型的影响较大。黏合缩率对肩部、胸围及衣长影响较大。规格加放黏合缩率所取得样板中的领口形态、肩部造型均与标准样板不同。规格加放法加放黏合缩率所取得的板型的侧缝较标准态前偏。

③ 据黏合缩率与服装样板变量间显现的线性关系,工艺形式中以线性模型解决成衣生产中黏合缩率对服装样板细部规格与板型的影响,可以保证成衣规格的准确性,使服装的整体型态与合体程度达到要求的标准。该研究不仅可以快速解决服装企业生产中黏合缩率对服装样板的误差影响,降低生产成本,同时为制板中其他类似问题的解决提供了参考。

第二节　基于动态变化的弹性面料紧身女装样板细部分析

一、基于动态变化的弹性面料与紧身女装样板的关系

紧身服装是指放松量小于适度松量,即着衣人体感到面料压感的状态。因此在紧身服装尤其是运动类紧身服装结构设计时,应充分考虑人体动态状态下各部位体表延展量,以减小因局部放松量不足而导致阻碍人体动态趋势的情况。

目前,在弹性面料紧身女装的成衣样板研究领域,在建立弹性面料女装原型即针织女装原型这一开发性领域中,研究着重于弹性面料各项性能的运用及对弹性面料的弹性利用率的应用。解决弹性面料紧身服装对人体运动的束缚的研究尚未考虑。本文以基于动态变化的穿着状态出发,研究动态下人体体表延展量,以满足人体动态体表延展量并在常态穿着时不产生堆积为基本条件,以人体动态体表延展参数为数据依据,对弹性面料紧身女装样板的细部结构进行优化选择,建立基于动态的弹性面料紧身女装样板结构,通过两种典型弹性面料紧身女装样板与基于动态变化的弹性面料紧身女装样板叠加,考察样板各细部规格。改善弹性面料紧身服装阻碍人体动态舒展的现象,提高弹性面料紧身女装的动态适体性,建立适应运动类弹性面料服装发展的结构设计理论体系,为运动类弹性面料紧身女装的纸样设计提供技术依据与参考。

以弹性纤维为主的梭织面料与针织面料为研究对象,面料弹性利用率为20%,横向拉伸时纵向缩率为8%。分别制作典型的基于动态变化的弹性面料紧身女装样板,分析弹性面料紧身女装样板细部规格,并参照数据进行分析比较。

面料弹性利用率方法定义:采用手感拉开法。手感拉开的程度反映穿着状态中的适体程度。

$$面料弹性利用率 = \frac{拉后尺寸 - 拉前尺寸}{拉前尺寸} \times 100\%$$

式 4.2.1

二、人体动静态下尺寸测量与变量分析

通过测量数据的整理与变量分析得出人体动态参数,为紧身女装的结构调整以及适体性考察提供数据依据。

1. 测量方法与样本容量的确定

（1）试验用具

软尺,三角板,黑色眉笔,牛皮纸。

（2）测量方法

静态人体测量采用国家标准,并参照国家标准 GB/T1335—1997 号型系列。

动态人体测量采用自定义标线法。首先用黑色眉笔在人体体表画出特征线,然后直接测量体表由于呼吸或运动而导致的该部位体表尺寸变化。

（3）样本容量的确定

服装原型的平面制图必须以人体的动态体表延展参数为数据依据。原型的细部规格应与此参数形成符合人体的回归关系式。此关系是弹性面料紧身女装纸样的构成要素。

从体型正常的女大学生这一单一总体中抽取样本进行项目测量。由于本次试验主要考查静、动态人体体表参数变量,为保证数据采集的精确性,不用大面积测量人体基本参数。本次试验的样本容量确定为 50 人。排除身体因素导致的个体极限肢体动作差异,保证测量数据的相对稳定性。

（4）测量部位与项目

试验主要研究人体动态变化对弹性面料紧身女装样板细部结构的影响,因此仅测量人体动态状态下能引起样板细部规格产生变化的部位。

测量部位:胸围、前胸宽/2、后背宽/2、袖窿深、袖窿门宽、肩宽、后小肩宽、前腰节长、后腰节长、肋缝长、臀围、腰围。

测量项目:双手抱胸、身后握手、垂直举臂、水平侧举、双手触地、席地坐、坐椅、吸气、呼气。

2. 数据的采集、整理与分析

初始采集数据信息量过大,经过整理与参数变量分析,仅对动态下有可能影响紧身女装样板适体性的相关部位体表延展参数进行考察分析,为调整基于动态变化的弹性面料紧身女装样板的细部结构提供数据依据。

表 4.2.1　人体动态下各部位体表延展参数增量表　　　　单位:cm

测量项目＼测量部位	胸围	前胸宽/2	后背宽/2	袖窿深	袖窿门宽	肩宽	后小肩宽	前腰节长	后腰节长	肋缝长	臀围	腰围
抱胸	△	△	4	0.5	△	10	△	△	—	—	—	—
身后握手	△	1	△	—	△	△	△	1	—	—	—	—
垂直举臂	—	—	—	2.5	—	△	△	—	△	1.5	—	—
水平侧举	—	—	—	1.5	—	△	△	—	△	0.5	—	—
双手触地	—	—	—	2.5	—	—	△	—	5	2.5	—	—

续表

测量项目＼测量部位	胸围	前胸宽/2	后背宽/2	袖窿深	袖窿门宽	肩宽	后小肩宽	前腰节长	后腰节长	肋缝长	臀围	腰围
席地坐	—	—	—	—	—	—	—	—	—	—	4	2.9
坐椅	—	—	—	—	—	—	—	—	—	—	3.5	2.7
吸气	3	1	△	—	1	—	—	—	—	—	—	—
呼气	△	△	△	—	△	—	—	—	—	—	—	—

注：△表示不变或减小；—表示不必要测量减小数值不予分析，因其只在动态时产生堆积量，在常态穿着时无影响。

　　表 4.2.1 数据显示，当人体处于动态状态时细部规格体表延展参数变化较大，但控制部位却无明显变化。以胸围为例，在胸围静、动态参数差值接近于零或负值的同时，后背宽的动态体表延展量达到 12 cm。由此可见，未考虑到人体细部动态体表延展参数的紧身女装纸样处理方法阻碍人体的动态趋势。在围度方向动态体表延展参数变化较大的还有肩宽、臀围、腰围。在垂直举臂、水平侧举、双手触地三种伸展性动态中长度方向较大尺寸变化的有后腰节长、肋缝长、袖窿深。通过数据显示在弹性面料紧身女装结构设计中应充分考虑到基于动态变化的细部规格放松量加放，只通过少数几个控制部位调整弹性面料紧身女装样板不能满足人体动态体表延展量的需求。

三、典型弹性面料紧身女装样板制作

　　对于运动类弹性面料紧身女装样板结构设计，只研究人体静态尺寸在穿着时阻碍运动趋势。在动态状态下人体体表会呈现不同程度的延展量，这种体表延展对服装细部结构有直接影响。以人体动态体表延展参数为数据依据，调整基于动态变化的弹性面料紧身女装样板细部结构。通过两种典型弹性面料紧身女装样板与基于动态变化的弹性面料紧身女装样板叠加，考察样板各细部规格。以动态体表延展参数为数据依据，对弹性面料紧身女装样板的细部结构适体性进行优化选择。

　　1. 原型法弹性面料紧身女装样板

　　选取两种典型弹性面料紧身女装样板结构处理方法。其中以日本文化式原型为衣身框架与立体裁剪取得衣身框架的弹性面料紧身女装样板处理方法是具有一定代表意义的研究成果。两种典型弹性面料紧身女装样板结构处理方法均从建立起适应针织面料特点的衣身原型为出发点，尚未考虑到人体动态变化对衣身动态放松量的需求。

　　以日本文化式原型为衣身框架的紧身女装样板制作。

　　首先，对原型中 10 cm 的放松量按照后侧缝∶前侧缝∶后中心∶前中心＝1∶1∶0.5∶0.5的比例去除 6 cm 的松量。其次，平衡肩省分解乳突量，为减小乳突量，取后片与前片腰线减 1 cm 相对齐(图 4.2.1)。

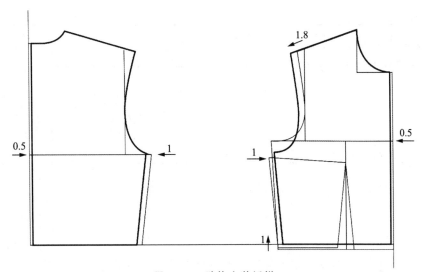

图 4.2.1　贴体女装纸样

最后,以围度方向、长度方向按各部位比例去掉弹性运用量(图 4.2.2)。

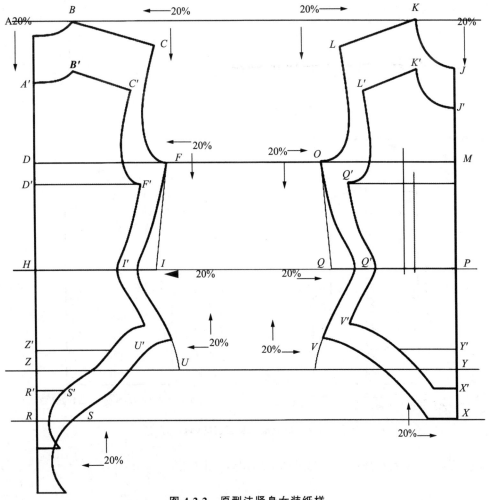

图 4.2.2　原型法紧身女装纸样

2. 立裁法弹性面料紧身女装样板

以立裁取得框架的紧身女装样板制作。

首先,立裁取得针织女装原型,并形成平面结构制图(图4.2.3)。

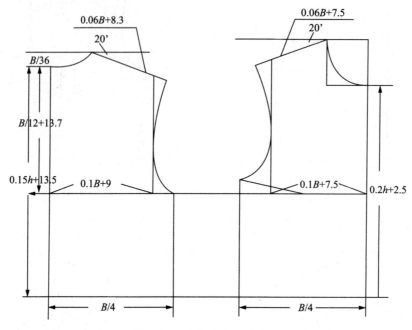

图4.2.3　立裁法平面原型图

其次,以切减法去除面料的弹性利用量(图4.2.4)。

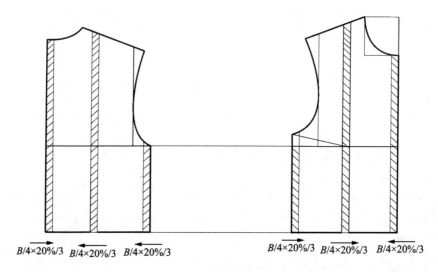

图4.2.4　切减法去除面料的弹性利用量

最后,腰节下降面料横向拉伸时纵向的缩短量(图4.2.5)。

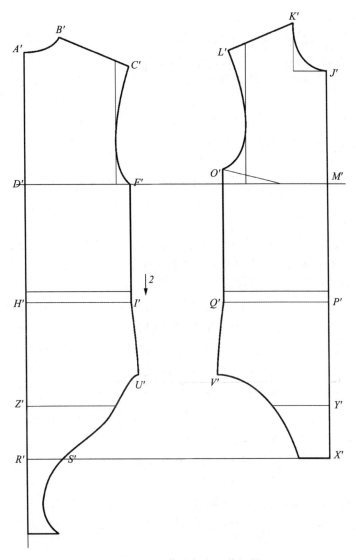

图 4.2.5　立裁法紧身女装纸样

四、基于动态变化的弹性面料紧身女装样板的建立

建立基于动态变化的弹性面料紧身女装样板，从动态放松量的加放入手将产生动态增量的部位与穿着状态、面料弹性利用量和动态参数相结合，设计细部规格与形态，满足紧身状态与动态需求。

1. 动态放松量与样板细部尺寸间的关系分析

根据表 4.2.1 中动态下体表延展参数分析得出，当人体处于动态时除基本放松量外还需要一部分动态放松量，以满足动态下人体体表延展量。动态放松量的大小由该部位体表延展量决定。所以从动态放松量的加放入手，调整后样板成衣规格＝净体规格＋基本放松量＋动态放松量。其中基本放松量用以满足人体生理等松量需求；动态放松量用以满足人体动态体表延展量。

放松量加放办法：当动态体表延展所需放松量≥基本放松量时，仅加动态放松量满足基本放松量；当动态体表延展所需放松量≤基本放松量时，仅加入基本放松量，在基本放松量与动态放松量中取极大值满足弹性面料紧身女装放松量的加放。胸围基本放松量为 4 cm，臀围基本放松量为 5 cm。

弹性面料紧身女装样板细部规格调节公式：

$$该部位净尺寸＋动态放松量＝ 调整后尺寸＋调整后尺寸×a\%$$

因此：

$$调整后尺寸 = \frac{该部位尺寸＋动态放松量}{1＋a\%} \qquad 式2.1$$

其中，此关系式应满足条件：

（1）满足紧身女装紧身廓型即不产生堆积的穿着状态：调整后尺寸≤该部位净尺寸。

（2）$a\%$ 为面料弹性利用率，其随料弹性利用量的改变而改变。

（3）当动态放松量≤基本放松量时，只加入基本放松量。

当调整后尺寸≤该部位净尺寸时，成衣尺寸＝调整后尺寸；当调整后尺寸≥该部位净尺寸时，成衣尺寸＝该部位净尺寸。调整后成衣尺寸在经过比照后才能决定是否应用。如果找出动态放松量与调整后尺寸之间的关系，在放松量设定时即可直接应用该公式，省去了二次计算的麻烦，同时为动态（基本）放松量的加放提供数据依据。

1. 动态放松量与调整后尺寸间的变量关系

面料的横向弹性利用量为 20%，当横向拉伸时纵向会产生一定程度的回缩，回缩量为 8%。所以围度方向样板细部规格调节公式为：该部位净尺寸＋动态放松量＝ 调整后尺寸＋调整后尺寸×20%；长度方向样板细部规格调节公式为：该部位净尺寸＋动态放松量＋调整后尺寸×8%＝ 调整后尺寸＋调整后尺寸×20%。

围度方向分别选取后背宽、肩宽、前胸宽三个部位。以 0.5、1、1.5、2、2.5、3、3.5、4、4.5、5 cm 动态放松量，计算其在不同围度方向下各部位的调整后尺寸（图 4.2.6）。

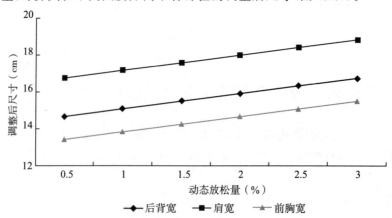

图 4.2.6 动态放松量与围度方向调整后尺寸之间的关系

长度方向分别选取袖窿深、侧缝长、后腰节长三个部位。以 0.5、1、1.5、2、2.5、3、3.5、4、4.5、5 cm 动态放松量，计算其在不同长度方向下各部位的调整后尺寸（图 4.2.7）。

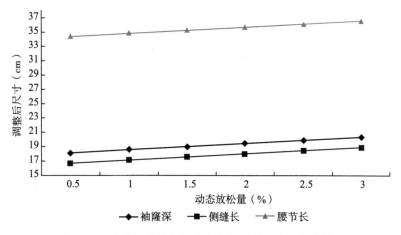

图 4.2.7　动态放松量与长度方向调整后尺寸之间的关系

（2）动态放松量与调整后尺寸间的线性方程

从调整后样板细部规格与动态放松量间的数据分析中可以看出,动态放松量与调整后样板规格变量成线性关系,可根据线性方程 $y = ax + b$ 建立基于动态变化下的弹性面料紧身女装样板的控制部位与细部规格的计算公式。

① 调整后规格线性方程的建立

a. 围度方向样板规格调整公式:

设调整后尺寸为 y,动态放松量为 x,该部位净尺寸为 A。

$$y + y \times 20\% = A + x$$

得出, $y = \dfrac{A + x}{1 + 20\%}$

其中,20% 为面料弹性利用率,随面料弹性利用率的改变而改变。

当 $y = A$ 时, $x = 0.2A$ 为临界参考值,是动态下弹性面料紧身女装样板细部结构调整时是否采用该公式设定成衣规格的依据。

当 $x = 0.2A$ 时,动态放松量 x 恰好等于该部位尺寸的面料弹性利用量,为理想动态放松量加放值,此时最适用于运动类女装的结构设计。

当 $x > 0.2A$ 时,动态放松量 x 为极小值,调整后尺寸 $y >$ 该部位尺寸 A,此时已不适用于弹性面料紧身女装设计,而适用于合体女装或宽松女装的运动类弹性面料女装结构设计。为保持紧身女装廓型要求,在此条件下成衣尺寸 = 该部位净尺寸。

当 $x < 0.2A$ 时,动态放松量 x 为极大值,调整后尺寸 $y <$ 该部位尺寸 A,此时弹性面料紧身女装设计趋近于塑型紧身女装设计,并且面料弹性利用量满足动态放松量。适用于运动型弹性面料紧身女装设计。

b. 长度方向样板规格调整公式:

设调整后尺寸为 y,动态放松量为 x,该部位净尺寸为 A。

$$y + y \times 20\% = A + x + y \times 8\%$$

得出, $y = \dfrac{A + x}{1 + 20\% - 8\%}$

当 $y = A$ 时, $x = 0.12A$。长度方向样板细部调节公式与围度方向样板细部调节公式运用原理相同。

当横向面料弹性利用量与纵向面料弹性利用量相同,并且横向拉伸后纵向不存在回缩量时,长度方向样板细部调节公式与围度方向样板细部调节公式相同。

2. 基于动态变化的弹性面料紧身女装样板

选取号型 160/84A 净体规格绘制紧身女装衣身框架(表 4.2.2,图 4.2.8)。根据表 4.2.1 中动态体表延展参数设定动态放松量的加放值,调整基于动态变化的弹性面料紧身女装样板控制部位规格与细部规格(图 4.2.9)。

表 4.2.2　成品规格表　　　　　　　　　　　　　　　　　　　　　　　　　单位:cm

部位	胸围	腰围	臀围	坐姿颈椎点高	背长
尺寸	84	68	90	62.5	38

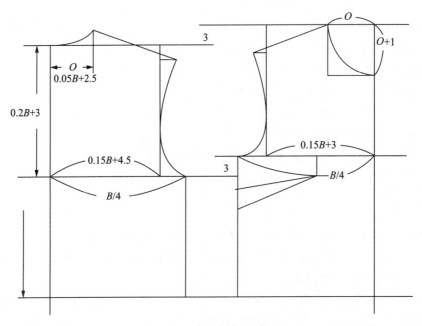

图 4.2.8　比例法结构制图

当动态状态下体表延展量处于小于面料弹性利用量、趋近于零、负值这三种状态时,动态放松量 $x \leqslant 0.2A$,当 A 为围度方向尺寸时,该部位样板规格调整后成衣规格为 $y = \dfrac{A+x}{1+20\%}$ (表 4.2.3);当 A 为长度方向尺寸时,该部位样板规格调整后成衣规格为 $y = \dfrac{A+x}{1+20\%-8\%}$ (表 4.2.4)。

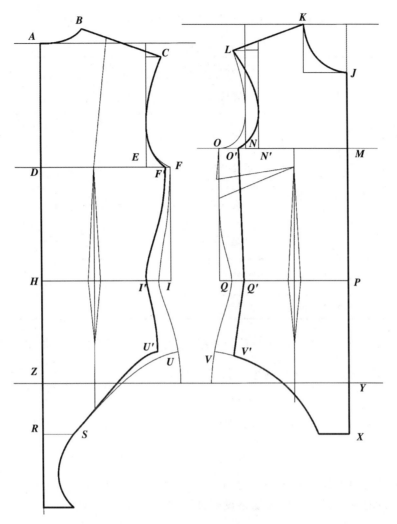

图 4.2.9　引入动态放松量调整后样板

表 4.2.3　调整后成衣规格表

部位	动态	动态体表延展量	成衣公式
E-F	抱胸;身后握手	△后袖窿门≤0	$\dfrac{B/4-(0.15B+4.5)+0.4}{1+20\%}$
N-O	抱胸;身后握手	△前袖窿门≤0	$\dfrac{B/4-(0.15B+3)+0.4}{1+20\%}$
M-N	身后握手	△前胸宽/2≤0.5 cm	$\dfrac{0.15B+3+0.6}{1+20\%}$
H-I;Q-P	席地坐;坐椅	△腰围/4≤0.725 cm	$\dfrac{W/4+0.725}{1+20\%}$
Z-U;V-Y	席地坐;坐椅	△臀围/4≤4 cm	$\dfrac{H/4+1.25}{1+20\%}$

当动态状态下体表延展量大于面料弹性利用量时,动态放松量 $x\geqslant0.2A$,不论 A 为长度

或围度方向规格,该部位样板规格调整后尺寸为成衣规格＝A。

表 4.2.4　调整后成衣规格表

部位	动态	动态体表延展量	调整后尺寸	成衣公式
A-C;J-L	抱胸	△肩宽/2≤5m	$\dfrac{\text{肩}+5}{1+20\%}$	肩宽
D-E	抱胸	△背宽/2≤4 cm	$\dfrac{0.15B+4.5+4}{1+20\%}$	0.15B+4.5
A-H;	垂直举臂;水平侧举;双手触地	△后腰节长≤5 cm	$\dfrac{38+5}{1+20\%-8\%}$	38
F-I;O-Q	垂直举臂;水平侧举;双手触地	△袖隆深≤2.5 cm	$\dfrac{0.2B+3+2.5}{1+20\%-8\%}$	0.2B+3
C-F;L-O	垂直举臂;水平侧举;双手触地	△肋缝长≤2.5 cm	$\dfrac{38-(0.2B+3)+2.5}{1+20\%-8\%}$	38-0.2B+3
J-P ＊	身后握手	△前腰节长≤1 cm	$\dfrac{38+1}{1+20\%-8\%}$	38
A-B;J-K ＊	各种动态	△颈围≈0 cm	—	0.05B+2.5

在表 4.2.4 中 J-P ＊是决定前腰节长的关键点,前腰节长部位体表延展量小于面料弹性利用量,动态放松量 $x≤0.2A$,所以前腰节长成衣规格 $y=\dfrac{A+x}{1+20\%}$,但由于侧缝处成衣尺寸＝ A,为保持衣身结构平衡,前腰节长成衣尺寸＝A。

A-B;J-K ＊是决定颈围的关键点,颈围体表延展量接近于零。动态放松量 $x≤0.2A$,所以颈围成衣规格 $y=\dfrac{A+x}{1+20\%}$。但在人体穿着状态下颈部不宜产生压迫感。颈围成衣规格＝A。

基于动态变化的弹性面料紧身女装样板以 $x=0.2A$ 为临界点,调解在 $x≤0.2A$、$x≥0.2A$ 两种不同情况时采用不同成衣规格设定办法适用于运动类弹性面料紧身女装。当 $x≤0.2A$ 时,采用 $y=\dfrac{A+x}{1+20\%}$ 设定成衣规格适用于功能性塑型类紧身女装;当 $x≥0.2A$ 时,采用 $y=\dfrac{A+x}{1+20\%}$ 设定成衣规格适用于合体宽松类女装。

五、结果考查与应用

1. 样板叠加与考察

将两种典型弹性面料紧身女装样板与基于动态变化的弹性面料紧身女装样板叠加,考察样板各细部规格。分析两种典型结构处理方法中的动态舒展量,完善基于动态变化的弹性面料紧身女装样板细部结构调整方案。以动态人体尺寸为标准值,比较基于动态变化与两种典型弹性面料紧身女装样板细部尺寸差异,以动态放松量与体表延展量的需求得出运动类弹性面料紧身女装样板设计的最优方案(图 4.2.10)。

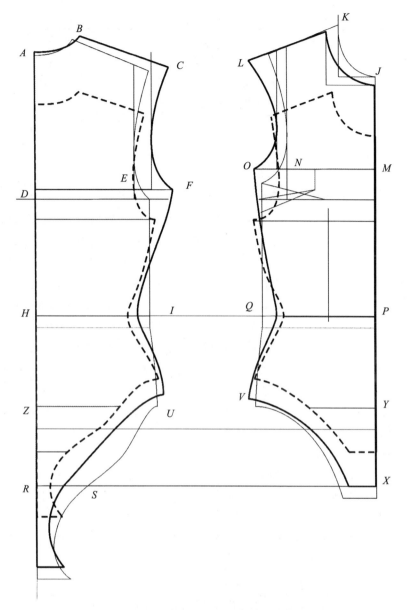

图 4.2.10 弹性面料紧身女装样板叠加

注:粗实线表示基于动态变化的结构调整方法;虚线表示日本文化原型为衣身框架的结构调整方法;细实线表示立裁取得衣身框架的结构处理方法。

(1) 衣身样板围度方向细部规格考察

叠加样板围度方向的细部规格主要考察部位有领围、肩宽、后背宽、前胸宽、前袖窿门、后袖窿门、腰围、臀围。

表 4.2.5 衣身样板围度方向关键点比较   单位:cm

关键点	基于动态法	原型法	立裁法	静态参数	动态参数	面料延展量=尺寸(1+2%)		
A—B	7.5	6.1	7	7.5	7.5	9	7.68	8.4
K—J	11.6	10.2	11.1	12	12	13.92	−1.4	−0.5

关键点	基于动态法	原型法	立裁法	静态参数	动态参数	面料延展量\尺寸(1+20%)		
$A—C$	19.6	16.7	16.1	19.7	24.7	23.52	20.04	19.32
$J—L$	18.7	15.8	15.3	19.7	19.7	22.4	18.96	18.36
$D—E$	17.1	14.4	14.6	17	21	20.52	17.28	17.52
$E—F$	3.58	3	2.2	4	4	4.3	3.62	2.64
$M—N$	13.5	13.6	13.1	15	15.5	16.2	16.32	15.72
$O—N$	4.83	3.8	3.7	6	6	5.8	4.56	4.44
$H—I\backslash Q—P$	14.77	13.6	17	17	17.725	17.73	16.32	20.4
$Z—U\backslash V—Y$	19.79	18.3	18	22.5	23.75	23.75	21.96	21.6

由表4.2.5可以看出,实际面料利用量与动态人体尺寸差值越小,则该面料用于运动类紧身女装时动态适体性越好。结合图4.2.10,基于动态变化的弹性面料紧身女装样板 $A—C$、$D—E$、$H—I\backslash Q—P$、$Z—U\backslash V—Y$ 这四个部位尺寸接近于人体动态尺寸,分别为肩宽、后背宽、腰围、臀围,由表4.2.5可以看出这四个部位恰好是动态放松量需求较大的部位,因此该样板比较适用于工作生活中处于运动状态尤其是向前抱胸这类背部体表延展量比较大的人群,符合运动类弹性面料女装结构设计。与其相比,两种典型弹性面料紧身女装样板在肩宽、后背宽处较接近于静态人体尺寸;在腰围、臀围处小于静态人体尺寸,因此两种典型弹性面料紧身女装更适用于工作与生活中不处于运动状态的人群。从胸围、腰围看,以日本文化式原型为衣身框架的结构设计更适用于有功能性塑型要求的弹性面料紧身女装结构设计。

基于动态变化的弹性面料紧身女装样板 $E—F$、$M—N$、$O—N$ 这三个部位尺寸接近于人体静态尺寸,分别为后袖窿门、前胸宽、前袖窿门,由表4.2.5可以看出这三个部位是动态体表延展量趋近于零的部位,因此该部位以满足紧身穿着状态进行结构设计。以立裁取得衣身框架的结构设计塑型性最大,但由于袖窿门、前胸是由骨骼支撑体表,不易塑型性太大。对于运动类弹性面料紧身女装而言,在满足基本放松量的前提下满足紧身女装廓型要求即可。

(2)衣身样板长度方向细部规格考察

叠加样板长度方向的细部规格考察,主要考察动态下人体长度方向参数改变的部位有后腰节长、前腰节长、袖窿深、侧缝长。

表4.2.6 衣身样板长度方向关键点比较 单位:cm

关键点	基于动态法	原型法	立裁法	静态参数	动态参数	面料延展量\尺寸(1+20%)		
$A—H$	38	30.4	39.5	38	43	42.56	34.05	44.24
$J—P$	33.4	25.92	36.5	33.4	34.4	37.41	29.03	40.88
$A—D$	19.8	17.36	20.7	19.8	22.3	22.18	19.44	23.2
$F—I\backslash O—Q$	18.2	13.24	17.3	18.2	20.7	20.38	14.83	19.38

由表4.2.6可以看出,基于动态变化的弹性面料紧身女装样板 $A—H$、$A—D$、$F—I\backslash O—Q$ 这三个部位尺寸接近于人体动态尺寸,分别为后腰节长、袖窿深、侧缝这三个部位是动态体表延展量较大的部位,满足了较大的动态放松量,因此该样板比较适用于工作生活中双手触地等动态下长度方向需求量比较大的人群,符合运动类弹性面料女装结构设计。与其相比,以立裁取得衣身框架的弹性面料紧身女装样板这三个部位尺寸大于或等于人体动态尺寸,符合长度方向需求量较大的女装,但不适合连身款式的女装,因为容易在腰部形成较大堆积量。以日

本文化原型为衣身框架的弹性面料紧身女装样板这三个部位尺寸小于人体静态尺寸,因此比较适合塑型类女装,如拢胸、提臀功能内衣等。

从表4.2.5、表4.2.6可以看出实际面料利用量越接近人体动态尺寸,该服装规格越适用于运动类弹性面料紧身女装,如运动服、体操服;当实际面料利用量大于人体动态尺寸时,如果大于加放基本放松量后的成衣规格,则该服装不属于紧身女装;当实际面料利用量越接近静态人体尺寸,该服装越适用于塑型类紧身女装,如针织内衣;当实际面料利用量小于静态人体尺寸时,这类服装则是具有一定功能性的塑型紧身衣,如功能性文胸、塑体裤。

2. 研究结果应用

将基于动态变化的弹性面料紧身女装样板处理方法应用于运动类弹性面料紧身女装实际生产中。选取女子体操服,体操服的特点是既要通过紧身穿着状态充分展现运动员的形体美,又必须要满足各种极限肢体动作下由于体表延展量增加所需的动态放松量。结合其款式将基于动态变化的弹性面料紧身女装样板研究结果应用于女子体操服样板细部结构调整中(图4.2.11)。

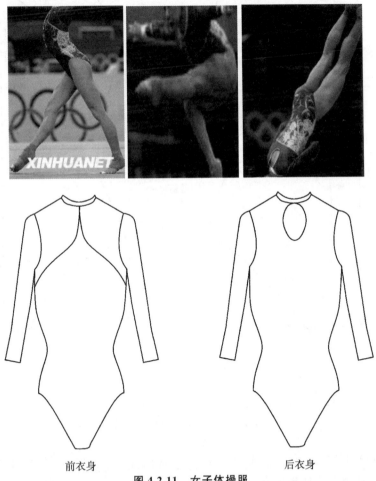

前衣身　　　　　　　　　　后衣身
图4.2.11　女子体操服

从基于动态变化的弹性面料紧身女装样板研究结果看,成衣规格动态放松量的加放满足人体各种常规动态下体表延展量,但对于体操这类肢体动作幅度非常大的运动来讲人体体表延展量特别大,尤其体现在肩宽、后背宽、后腰节长这三个部位变化更大,但根据基于动态变化的弹性面料紧身女装样板结构调整方法可以看出,动态放松量 $x \leqslant 0.2A$ 不能全部满足动态体表延展量。但是在女子体操队服的款式设计中解决了这个问题,在后背中间形成一个圆形镂空,这样可以补充面料弹性利用量的不足,最大程度的发挥出运动类紧身服装的特点。

根据弹性面料紧身女装样板规格调整公式调整女子体操服样板控制部位与细部规格,

$$y = \frac{A+x}{1+20\%}。$$

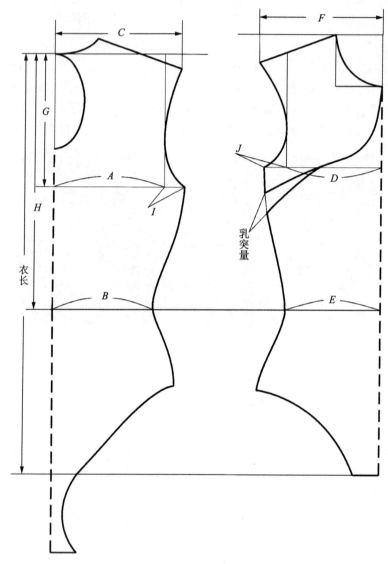

图 4.2.12 女子体操服结构图

表 4.2.7 中所列部位尺寸符合当 $x \leqslant 0.2A$ 时,调整后尺寸 $y <$ 该部位尺寸 A,成衣规格 = 调整后尺寸 y。具体细部规格见表 4.2.8。

表 4.2.7　女子体操服成衣规格尺寸(一)

部位	成衣公式
后袖窿门	$\dfrac{B/4-(0.15B+4.5)+0.4}{1+20\%}$
前袖窿门	$\dfrac{B/4-(0.15B+3)+0.4}{1+20\%}$
前胸宽/2	$\dfrac{0.15B+3+0.6}{1+20\%}$
腰围/4	$\dfrac{W/4+0.725}{1+20\%}$
臀围/4	$\dfrac{H/4+1.25}{1+20\%}$

表 4.2.8 中所列部位尺寸符合当 $x \geqslant 0.2A$ 时,调整后尺寸 $y >$ 该部位尺寸 A,成衣尺寸=该部位尺寸 A。可以看出,肩宽、后背宽、后腰节长三个部位动态放松量不足的问题仍然存在,但通过背部镂空很好的解决了该部位动态体表延展量过大的问题。

表 4.2.8　女子体操服成衣规格尺寸(二)

部位	成衣公式
肩宽	肩宽
背宽/2	0.15B+4.5
后腰节长	38
袖窿深	0.2B+3
肋缝长	38−0.2B+3
前腰节长	38
颈围	0.05B+2.5

六、本节小结

① 由典型弹性面料紧身女装样板与基于动态变化的弹性面料紧身女装样板叠加结果可以看出,结合人体动、静态体表延展参数对样板细部结构进行调整的方法所得样板符合人体常规运动状态。其他两种去掉面料弹性利用量的方法只片面考虑静态时的人体穿着状态,忽略了人体动态状态下所需的动态放松量,未能满足着衣人体动态体表延展量。

② 动态放松量与调整后样板规格变量成线性关系,因此,基于动态的弹性面料紧身女装样板围度方向样板细部规格调整公式为 $y=\dfrac{A+x}{1+20\%}$。其中,y 为调整后尺寸,x 为动态放松

量,A 为该部位净尺寸。当 $y=A$ 时,$x=0.2A$。此时动态放松量 x 恰好等于该部位尺寸的面料弹性利用量,为理想动态放松量加放值。

③ 基于动态的弹性面料紧身女装样板长度方向细部规格调整公式为 $y=\dfrac{A+x}{1+20\%-8\%}$;当 $y=A$ 时,$x=0.12A$,长度方向样板细部调节公式与围度方向样板细部调节公式适用条件相同。

④ 实际面料利用量越接近人体动态尺寸,该部位规格越适用于运动类弹性面料紧身女装;当实际面料利用量大于人体动态尺寸时,则该服装不属于紧身女装;实际面料利用量越接近静态人体尺寸,该服装越适用于塑型类紧身女装。该研究不仅可以为解决弹性面料紧身女装结构设计与松量加放提供理论依据,同时为解决紧身运动类服装的动态适体性提供生产依据。

第三节　服装材料悬垂伸长量与成衣样板修正量的研究

近年来随着我国技术现代化和全球经济一体化,使得人们生活节奏加快,时间与效率是现今的生存所必备条件,成衣消费和生产也就成为服装的主流。但是随着人们精神文化的不断提升,消费者不仅追求服装款式的时尚新颖,还更加注重服装板型的合体和舒适程度,更加注重服装外观的结构平衡和工艺质量,这都将对服装生产厂家能否占领市场起到了重要的作用。

不同材质的服装材料在悬垂态下由于纱向不同、基础长度产生重力不同而形成不同的伸长量,服装材料的厚度、柔软程度和悬垂性能也与悬垂态下的伸长量有内在的联系。成衣是标准规格、批量化工业生产的产品,在工业样板的制板中不仅仅要遵循结构设计理论,还需要参考服装材料的性能尤其在悬垂态下的变形量,对样板进行必要的修正,保证成衣穿用时外观结构的平衡。通过测试服装材料在悬垂态下的伸长量,从理论上找出成衣样板修正量的变化规律,就可以缩减服装生产的工序,提高制板和工业生产效率,降低企业生产成本,增强市场的竞争力。

在研究中,选择有代表性的服装材料,通过自制的测量模具(180°半圆模型),测量服装材料在悬垂态下的不同纱向、不同基础长度的伸长量,进行科学合理的量化分析,确定服装材料的悬垂伸长量的规律,结合服装材料性能参数,寻求成衣样板在结构上的修正量,并具体运用到成衣样板制板实例中,提高服装工业制板的准确性和工效性。

一、服装材料选择与基本性能测试

1. 服装材料选择与基本性能

在众多的服装材料中,夏季常用的纱类的悬垂伸长量大,本试验研究选择厚绉纱和薄绉纱,并对有关性能进行测试,见表 4.3.1。

表 4.3.1　服装材料的主要性能

面料	测试因素	均值	测试因素单位
薄绉纱	厚度	0.340	mm
	面密度	138.63	mg/m²
	悬垂系数	65.90	%
	活泼率	31.97	%
	美感系数	37.24	%
	硬挺度系数	72.70	%
	密度	经 391,纬 613	根/10 cm
	经纬线密度	经 9.53,纬 18.18	tex
厚绉纱	厚度	0.701	mm
	面密度	182.25	mg/m²
	悬垂系数	74.05	%
	活泼率	−5.84	%
	美感系数	39.98	%
	硬挺度系数	79.29	%
	经纬密度	经 194,纬 262	根/10 cm
	线密度	经 40.49,纬 38.52	tex

2. 试验工具与设备

① 自创的 180°角半圆模具(测试面料悬垂态下变形量),见图 4.3.1。

图 4.3.1　180°角半圆测量模具

② AL104 电子天平(测试面料面密度)。

③ YG141D 型数字式织物厚度仪(测试面料厚度)。

④ YG(L)811 - DN 织物动态悬垂风格仪(测试面料悬垂系数,活泼率,美感系数,硬挺度系数)。

⑤ 直尺。

⑥ 照布镜(测试面料经纬密度)。

二、试样制备和测试结果

1. 试样制备

将所选的两种服装材料裁成直径为 100 cm 、80 cm、60 cm 的圆,各 3 块,用于对服装材料伸长量的测试。服装在穿着时受到自重的影响,不同材质的服装材料在悬垂状态下有不同的伸长量。本研究将条件限定在不同基础长度、不同纱向和面料薄厚、悬垂性、柔软度等性能因素上,为保证准确求得各个不同角度纱向悬垂状态下服装材料的伸长量,采用自创的 180°角半圆模具固定服装材料,每测一个角度纱向要旋转被测试样对应的角度值,保证服装材料所测的纱向在悬垂线方向。测量服装材料在悬垂状态下的伸长量,测试方法见图 4.3.2。

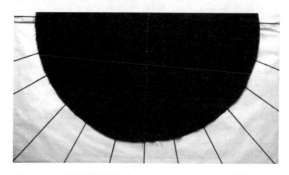

图 4.3.2   测量厚绉纱在 50 cm 悬垂状态下的伸长量

2. 服装材料伸长量的测试结果

通过自创模具测量出服装材料悬垂伸长量(见表 4.3.2)。其测试的基础长度分别为 50 cm、40 cm、30 cm,纱向角度的测试为正经、经 15°、经 30°、正斜、纬 30°、纬 15°、正纬。

表 4.3.2   不同面料、不同基础长度、不同角度下的悬垂伸长量的试验结果　　　　　　单位:cm

面料基础长度		不同纱向下悬垂伸长量						
		正经	经 15°	经 30°	正斜	纬 30°	纬 15°	正纬
薄绉纱	50	0.35	0.68	1.32	1.63	1.19	0.56	0.30
	40	0.23	0.56	0.96	1.29	0.80	0.48	0.20
	30	0.14	0.39	0.73	1.01	0.61	0.30	0.10
厚绉纱	50	0.82	1.26	1.93	2.32	1.89	1.18	0.74
	40	0.45	0.77	1.33	1.80	1.26	0.68	0.38
	30	0.20	0.35	0.72	1.23	0.68	0.29	0.15

三、成衣样板修正

服装材料的悬垂伸长量是一个非常重要的与成衣样板规格有直接联系的物理量,将经过试验测试和数学方法量化研究得到的具体服装材料悬垂伸长量变化规律应用到成衣样板修正实例中,再将修正后的样片缝制成斜裙穿着到模台上,验证底摆结构平衡和外观呈现的波浪形态。

1. 面料纱向与悬垂伸长量的关系

选取厚、薄两种绉纱基础长度相同(50 cm)、纱向角度不同时的悬垂伸长量数据,绘出变化曲线,见图4.3.3。

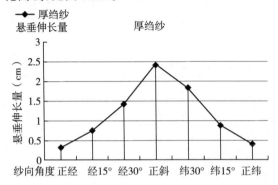 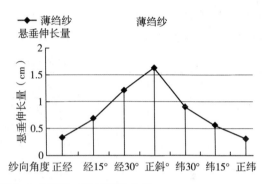

图4.3.3　基础长度恒定(50 cm)、纱向角度不同时的悬垂伸长量

为量化讨论,将 x 轴上正斜作为圆心,分别赋予正经、经 15°、经 30°、正斜、纬 30°、纬 15°、正纬为 x 轴上的 -3、-2、-1、0、1、2、3,y 轴仍表示悬垂伸长量,见图4.3.4。

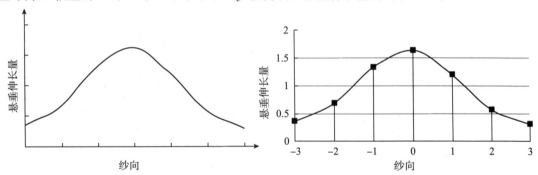

图4.3.4　薄绉纱基础长度50 cm不同纱向时悬垂伸长量量化分析

从图4.3.3中可看到,服装材料不同纱向的悬垂伸长量是一个近似于箕舌函数的图像。由此,可以建立服装材料不同纱向的悬垂伸长量与纱向角度间的函数关系。

由箕舌函数原函数公式:

$$y = 8a^3/(x^2 + 4a^2)$$

箕舌函数中存在一个以 a 为半径的圆,这个圆是箕舌函数在 y 轴上的焦点的切圆,得:

$$y = \frac{8a^3}{x^2 + 4a^2} \qquad \text{式4.3.1}$$

解箕舌函数:

当 $x = 0$,$a = y/2 = 0.815$,得到:

$$y = \frac{8 \times 0.815^3}{(X^2 + 4 \times 0.815^2)} \qquad \text{式 4.3.2}$$

由于笔者建立的是近似于箕舌函数关系,因此,分别将 $x=-1$、$x=-2$、$x=-3$ 代入式 4.3.2,并求得其悬垂伸长量为

$y_{(-1)} = 1.184$; $\qquad y_{(-2)} = 0.651$; $\qquad y_{(-3)} = 0.372$

其他以此类推。

由建立的函数关系,分别求证与实际测试的两种服装材料不同基础长度、不同纱向的悬垂伸长量间的偏差,其偏差波动值约在 0.031 至 0.136 cm 之间,见表 4.3.3,在服装工业生产中可以忽略不计该误差,因此,该试验结果是可以应用的。

表 4.3.3 纱向角度不同悬垂伸长量的计算偏差值 单位:cm

面料长度		−1	−2	−3	0	1	2	3
薄绉纱	50	0.042	0.031	0.136	0	0.054	0.060	0.072
	40	0.002	0.041	0.154	0	0.016	0.101	0.001
	30	0.003	0.055	0.090	0	0.100	0.095	0.001
厚绉纱	50	0.028	0.043	0.027	0	0.137	0.061	0.049
	40	0.026	0.017	0.026	0	0.045	0.095	0.076
	30	0.037	0.013	0.021	0	0.051	0.047	0.027

2. 面料的经纬纱向悬垂伸长量的比较

将服装材料经、纬纱向对应起来,得到不同纱向悬垂伸长量的对比曲线,见图 4.3.5 所示。

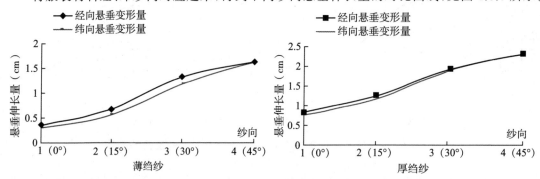

图 4.3.5 经纬向悬垂伸长量的比较

从图 4.3.5 可以直观地看到,不论厚绉纱还是薄绉纱,都具有在正斜纱向上的悬垂伸长量最大、在正经正纬处悬垂伸长量最小的特点;还可以看到薄绉纱经向悬垂伸长量大于纬向悬垂伸长量,而厚绉纱的经、纬两个纱向的悬垂伸长量差异不大。

从所选面料特性知道,薄绉纱的厚度、纱线线密度及面密度均明显小于厚绉纱,薄绉纱经纬向的柔软度明显好于厚绉纱,薄绉纱经纬密度明显大于厚绉纱,悬垂性小于厚绉纱。因为,厚绉纱产生的自重大,导致厚绉纱比薄绉纱更易于拉伸,其悬垂伸长量相对较大。

薄绉纱的经密远小于纬密,厚绉纱的经密和纬密相差不大,因此,从图 4.3.5 可看出薄绉纱的纬向悬垂伸长量小于经向悬垂伸长量,而厚绉纱经、纬两向的悬垂伸长量差异小。

3.面料基础长度与悬垂伸长量的关系

服装材料的基础长度不同,产生的自重也是不同的,会导致悬垂伸长量呈一定函数关系的变化规律,找到其规律对成衣样板修正量确定有实际意义。

将悬垂伸长量测试结果分薄、厚绉纱,以不同纱向和不同基础长度绘制手指图,见图4.3.6,可以看出其悬垂伸长量的变化规律。对同种服装面料、纱向角度相同,因不同基础长度产生的自重增加,使不同基础长度对应的悬垂伸长量增加。比较各纱向角度的悬垂伸长量,得出正经、正纬的变化量最小,而正斜的变化量是最大的。

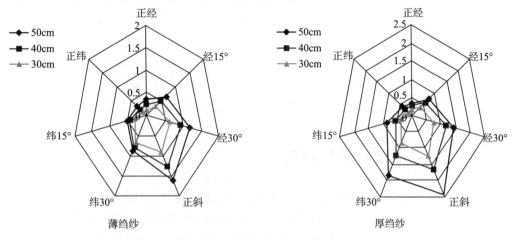

图4.3.6 不同纱向、基础长度不同的悬垂伸长量比较

选择薄绉纱正经、经15°两组不同基础长度的悬垂伸长量试验结果,绘出其基础长度不同的悬垂伸长量变化曲线,呈直线函数关系(以数学作图描点过程遵循的原则,做一条直线通过给出的尽可能多的定点,则这条直线函数就是这些定点的线性函数),见图4.3.7。

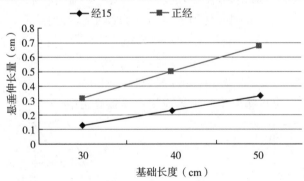

图4.3.7 薄绉纱基础长度不同的悬垂伸长量变化曲线

建立一元一次直线回归方程:

$$y = kx + b \qquad\qquad 式4.3.3$$

将薄绉纱的正经悬垂伸长量试验测试结果代入,当 $y=0.14$、$x=0.3$,$y=0.23$、$x=0.40$,$y=0.35$、$x=0.5$ 时,得 $k=1$、$b=-0.17$,即:

$$y = x - 0.17 \qquad\qquad 式4.3.4$$

以此类推,分别按线性关系得到两种面料不同纱向的基础长度与悬垂伸长量之间的直线回归方程,并验证其计算偏差值表明该试验结果是可以在工业生产中忽略不计,见表 4.3.4。

表 4.3.4　面料基础长度不变、不同纱向角度悬垂伸长量函数关系和计算偏差值

| 面料变量 | | 当 x 的变量为 0.3,0.4,0.5 时 | | | | | | |
		正经	经 15°	经 30°	正斜	纬 30°	纬 15°	正纬
薄绉纱	k	1	1.7	3.25	3.3	1.5	1.3	1
	b	−0.17	−0.18	−0.3	−0.02	0.23	−0.09	−0.2
	偏差均值	0.02	0.01	0.03	0	0.04	0.02	0
厚绉纱	k	3	4.7	6.05	5.45	5.65	4.25	2.7
	b	−0.7	−1.06	−1.1	−0.41	−1.02	−0.98	−0.66
	偏差均值	0.02	0.03	0.04	0	0.01	0.01	0.01

四、成衣样板修正量的应用研究

成衣样板结构设计中,重点考虑实现服装款式的结构和规格,并没有考虑采用的服装材料的性能,以及这些性能所造成的板型误差导致服装制成后穿用时产生的结构不平衡。但成衣样板制作中,由于批量化工业生产的需要,必须考虑使用服装材料性能尤其是各个不同纱向、不同基础板长的悬垂伸长量,并在样板中修正(或补足或去除)。笔者通过量化分析,找出其变化规律,供设计者科学合理的修正样板。

1. 基于成衣样板基础长度的板型修正

设定一裙长为 65 cm 的斜裙,分别采用薄绉纱和厚绉纱制作。根据斜裙板型设计,按裙中心线排料时取正经纱向,确定其侧缝使用纱向角度为经 15°,见图 4.3.8,由上述所得线性回归方程(式 4.3.4),求得:

薄绉纱:由 $y=1.7x-0.18$,当 $x=0.65$ 时,得 $y=0.93$。

厚绉纱:由 $y=4.7x-1.06$,当 $x=0.65$ 时,得 $y=2.00$。

在实际成衣制板中,可以将所求的结果应用在样板修正中。

图 4.3.8　斜裙样板

2.基于服装面料纱向的板型修正

为了方便比较,仍设定裙长为 65 cm 的斜裙,分别采用薄绉纱和厚绉纱。根据斜裙板型设计,按裙中心线排料时取正经纱向,确定其侧缝使用纱向角度为经15°。为使用箕舌函数,首先根据线性回归方程(式 3),先求裙长 65 cm 时服装材料正斜方向的悬垂伸长量:

薄绉纱:$y'=3.3x-0.02$,得 $y'=2.145$,$a=1.073$。

厚绉纱:$y'=5.45x-0.41$,得 $y'=3.133$,$a=1.566$。

由箕舌函数(式 4.3.1)$Y=8a^3/(x^2+4a^2)$,确定斜裙侧缝使用纱向角度为经15°,其 $x=-2$,代入得:

薄绉纱:$y=\dfrac{8a^3}{x^2+4a^2}$,$y=1.15$

厚绉纱:$y=\dfrac{8a^3}{x^2+4a^2}$,$y=2.22$

在实际成衣制板中,可以将所求的结果应用在样板修正中,见图 4.3.9。

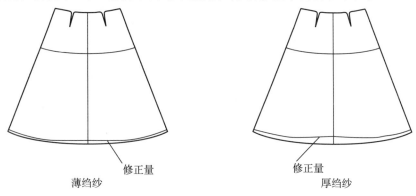

薄绉纱　　　　　　　　　　　　　厚绉纱

图 4.3.9　原样板与修正样板的比较

比较上述两种计算悬垂伸长量的方法,其结果误差在 0.22 cm 之内,这个误差在成衣生产中是可以忽略不计的。使用修正后的斜裙样板裁剪薄绉纱、厚绉纱制成成衣,并在人体模台上试穿,底摆呈现出了较好的结构平衡状态。

在成衣工业制板中,遇到服装款式在结构上使用面料的斜纱向,同时面料性能柔软、悬垂度好、易变形时,就必须测试和计算服装材料悬垂伸长量,找出其规律,修正成衣板型,这样在成衣生产中可以减少布料的损耗,提高制板准确度,提高服装企业的竞争力。

五、本节小结

① 服装在人体上穿用时呈现自然的悬垂状态,当成衣结构中使用斜纱向面料时,必须考虑面料性能,测量面料不同纱向、不同基础长度的悬垂伸长量,对成衣样板进行修正。

② 服装材料性能不同,不同纱向的悬垂伸长量是不同的,经过测试量化分析,其服装材料不同纱向的悬垂伸长量变化是一个近似于箕舌函数的曲线,规律可描述为 $Y=\dfrac{8a^3}{X^2+4a^2}$。

③ 服装材料一定时,同一面料纱向的悬垂伸长量会随其基础长度增大而增加,两者存在

线性关系 $Y=kX+b$。成衣制板中要考虑到服装结构的基础长度的变化,求出样板的修正量,修正样板。

④ 不论厚绉纱还是薄绉纱,都具有在正斜纱向上的悬垂伸长量最大,在正经正纬处悬垂伸长量最小的特点。服装材料的经密、纬密会影响面料的悬垂伸长量,经密和纬密相差小,经向和纬向间的悬垂伸长量差异小。服装材料的厚度、纱线的线密度、面密度、柔软度、悬垂性都会影响服装材料的悬垂伸长量。

第五章

面料性能对成衣缝制工艺的影响

第一节　弹性针织面料性能对服装边口部位缝制的影响

　　针织服装以其柔软、舒适、贴体、富有弹性等性能形成了独特的风格,它特有的质感和优良的性能受到人们的青睐。同时,它特殊的性能使其缝制加工工艺与普通机织面料不同,给服装生产提出了更高的要求。

　　针织服装由于其面料的特性,在缝制及穿着过程中经常受到拉伸而产生变形或损坏,特别是工艺较多的边口部位更容易出现问题。有些局部的改变会严重影响服装的整体造型、尺寸规格的准确性以及穿着使用寿命。成衣边口部位的质量问题主要表现为成衣尺寸增加,穿着过程中拉伸变形及边口部位缝线断裂。在成衣生产加工过程中,线迹密度、缝型、缝纫线性能、压脚等缝纫因素以及它们与弹性针织面料之间各项性能的互相匹配,都与成衣的质量密切相关。

　　在弹性针织面料的缝制生产中,织物的诸多性能会影响缝制效果,但在成衣生产中,更多考虑的是织物厚度和弹性的影响。在面料选定后,一般会通过合理调节缝纫因素来达到提高边口部位质量的目的。也就是说,面料的性能直接影响着缝纫因素的选配。通过对比成衣边口部位的尺寸、伸长率和强度的变化来判断缝纫因素选配的合理性。

　　本文选择成衣生产中常用的弹性针织面料,针对服装边口部位的质量问题,就面料纬向伸长率和厚度的差异对缝纫因素的影响加以研究,期望为科学合理的设计缝制工艺参数提供理论依据及生产指导,以减少弹性针织面料服装局部易出现的弊病,提高成衣生产加工的质量。

一、弹性针织面料的物理性能测试

1. 物理性能测试

（1）面料性能的测试

针织面料的物理性能测试主要包括五个方面，即面密度、织物厚度、弹性伸长率、断裂强力及断裂伸长率。

① HD200S 型自动支数秤（测量面密度）。

② YG141D 型数字织物厚度仪（测量织物厚度），压脚压力设置为 50cN。

③ YG026D－250 型电子织物强力机（测试断裂强力、断裂伸长率以及拉伸力为 30N 时织物的伸长率），初张力为 50cN。在进行定负荷伸长率的测定时，定负荷值的取值大小是关键，它将直接影响到测定值的准确性。要求定负荷值应在试样的负荷与伸长率关系曲线的线性范围内，通常为 1.5～3.6kg。若定负荷值超出这个范围，则试样因拉伸过度增加了塑性变形，这样测得的数据误差较大，所以这里取拉伸力为 30N 时的伸长率为研究对象。

（2）测试结果

在成衣生产加工中，加工面料以棉织物、合纤织物及其混纺的平纹和罗纹针织面料居多，面料厚度通常为 0.5～1.2mm。本研究选取 10 种弹性针织面料作为试验样品。尽量选择物理性能相似，同时存在可比性的弹性面料为研究对象。针织服装边口部位的缝制主要针对纬向，面料的性能测试只针对纬向、不涉及经向。试样的性能见表 5.1.1。

表 5.1.1 各试样物理性能测试结果

面料编号	面密度（g/m²）	厚度（mm）	伸长率（%）	断裂强力（N）	断裂伸长率（%）
1	246.77	0.951	38.42	233.7	100.7
2	257.63	0.977	40.65	236.1	132.5
3	261.25	0.982	56.97	245.5	166.2
4	255.83	0.953	59.16	247.6	185.1
5	243.91	0.964	68.83	235.9	182.4
6	202.07	0.582	45.72	191.3	168.3
7	188.07	0.667	43.51	185.2	155.4
8	196.40	0.754	44.85	181.5	163.2
9	200.61	0.921	45.06	188.7	197.1
10	217.64	1.107	46.28	187.2	172.6

（3）试样分类

利用 SPSS 软件对面料样本进行快速聚类分析得到两个面料试样组。第一组为面料编号 1～5；第二组为面料编号 6～10。将两组试样的性能分别与聚类中心（见表 5.1.2）比较，发现：第一组试样的厚度、面密度、断裂伸长率及断裂强力都接近聚类中心，而伸长率差异较大，呈增加之势；第二组试样的伸长率、面密度、断裂伸长率及断裂强力都接近聚类中心，而厚度差异较大,呈增加之势。

聚类结果检验:对聚类结果的类别间距离进行方差分析表明,断裂伸长率和面密度的差异概率值均<0.001,而断裂强力>0.001,说明聚类效果较好。

表 5.1.2　试样性能快速聚类及方差分析

项目	第一组聚类中心	第二组聚类中心	方差分析显著性
伸长率(%)	52.81	45.08	0.220
厚度(mm)	0.965	0.808	0.139
断裂伸长率(%)	239.76	186.78	0.000
断裂强力(N)	153.38	171.32	0.339
面密度(g/m²)	253.08	200.96	0.000

为了研究拉伸性能不同的织物对缝制的影响,将第一组面料按伸长率大小分为三个层次,即低弹面料、中弹面料、高弹面料,见表 5.1.3。

表 5.1.3　试样的弹性分类

面料类别	试样分类
低弹面料	试样 1 和试样 2,伸长率约为 38%～41%
中弹面料	试样 3 和试样 4,伸长率约为 57%～59%
高弹面料	试样 5,伸长率约 69%

2. 试验条件及方法

(1) 缝制设备

缝制设备为上海永工的 GK662 高速绷缝机、高速包缝机。面料输送为下送式,送布牙高度及压脚压力均为不变量,为保证缝纫时缝线张力平均值基本稳定,可稍作调整;机针采用 12♯硬铬高速针,高速针针头部分的针孔两侧凸出,比针杆部分粗 5%～7%,这样减小了针杆与缝料间的摩擦,以降低针的表面温度。

(2) 测试器材

边口部位的性能测试主要包括三个方面,分别是尺寸、伸长率、断裂强力。

① 使用米尺测量边口部位的尺寸变化,用尺寸变化来衡量服装边口部位的变形程度。

② 采用 YG026D-250 型电子织物强力机测试边口部位的伸长率,用于衡量织物的拉伸性。

③ 采用 YG026D-250 型电子织物强力机测试边口部位的断裂强力。织物的拉伸断裂强力用于衡量服装边口部位的耐用性能,定负荷条件下的伸长率用于衡量服装边口部位的服用性能。

(3) 缝纫参数

影响边口部位性能的主要缝纫因素为缝型、线迹密度、压脚和缝纫线。因此,本试验相关缝纫参数见表 5.1.4。其中,缝型标号见表 5.1.5,缝纫线基本参数见表 5.1.6。

表 5.1.4　缝纫因素

缝纫变量	缝纫参数
缝迹形态	暗挽边、明挽边、接边、单面滚边、双面滚边
线迹密度	8 针/2 cm、9 针/2 cm、10 针/2 cm、11 针/2 cm
压脚	特氟隆压脚、铁压脚
缝纫线	S 捻 9.8×3tex 精梳棉线、涤纶线

表 5.1.5　缝型标号

缝型名称	暗挽边	明挽边	接边	单面滚边	双面滚边
缝型示意图					
缝型构成图					

表 5.1.6　缝纫线强力测试

	棉线	涤线
断裂强力(cN)	2283	3195
断裂伸长率(%)	10.9	22.1

注:测试设备为 YG021DX 电子单纱强力机。

（4）试验步骤

① 裁制试样

裁制试样时距布边大于 10 cm。沿织物的纬向裁制长 60 cm、宽 5 cm 的试样,沿试样的长度方向做两条标记线,距离为 50 cm,如图 5.1.1 所示。

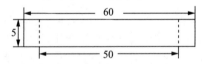

图 5.1.1　试样裁制规格示意图(单位:cm)

② 准备牙条

裁制牙条时采用本料,根据不同的缝型裁制不同宽度的牙条,接边牙条宽 3 cm,单面滚边牙条宽 3 cm,双面滚边牙条宽 4 cm。

③ 缝制试样

设置不同的缝纫参数组合。针对试样的一侧进行缝制,边口宽 1 cm,另一侧仍为毛边。

④ 试验

每次试验进行 5 次平行测定,要求缝制的边口部位干净平整,无跳线和破损。

⑤ 尺寸测量

将缝好的试样平放 24 h 后重新测量标记线间的距离,并做记录。

⑥ 伸长率和强度测试

将试样两端夹在电子织物强力机的钳口上,启动仪器直至边口部位破损,试验结束记录缝制后边口部位的伸长率和断裂强力。

⑦ 服装边口部位的质量改变

外观形态变化、拉伸性改变和强度改变。在这里采用三个量衡量质量变化的指标,即尺寸变化、伸长率变化、断裂强力变化。

二、弹性针织面料性能测试结果对服装边口部位缝制的影响

1. 试验结果

表 5.1.7　缝型对边口部位质量的影响

面料编号	暗挽边			明挽边			接边			单面滚边			双面滚边		
	尺寸(cm)	断裂伸长率(%)	断裂强力(N)	尺寸(cm)	断裂伸长率(%)	断裂强力(N)	尺寸(cm)	断裂伸长率(%)	断裂强力(N)	尺寸(cm)	断裂伸长率(%)	断裂强力(N)	尺寸(cm)	断裂伸长率(%)	断裂强力(N)
1	2.70	13.2	130	2.85	14.9	116	3.00	16.5	104	3.16	17.6	98	3.27	18.7	94
2	2.80	14.1	130	2.94	15.7	115	3.10	17.2	103	3.31	18.4	97	3.37	19.6	93
3	2.98	15.3	128	3.13	16.8	114	3.36	18.3	101	3.50	19.8	95	3.56	20.3	92
4	3.06	16.1	127	3.26	17.4	114	3.48	19.0	100	3.61	20.3	95	3.66	21.2	92
5	3.24	17.0	124	3.44	18.2	112	3.76	19.8	98	3.83	21.0	93	3.87	22.0	90
6	2.85	15.3	110	2.97	16.2	100	3.18	17.3	90	3.33	18.8	77	3.52	19.7	69
7	2.88	16.0	109	3.01	16.8	99	3.22	17.9	89	3.36	19.5	76	3.54	20.0	68
8	2.93	16.6	108	3.10	17.7	98	3.27	18.6	89	3.46	19.9	74	3.62	20.6	67
9	3.12	17.1	106	3.25	18.3	96	3.33	19.4	86	3.52	20.4	72	3.70	21.2	65
10	3.19	17.7	105	3.35	19.1	95	3.44	20.0	85	3.64	21.1	70	3.84	22.0	62

注:线迹密度为 10 针/2 cm,采用棉线和铁压脚。

表 5.1.8　线迹密度对边口部位质量的影响

面料编号	8 针/2 cm			9 针/2 cm			10 针/2 cm			11 针/2 cm		
	尺寸(mm)	断裂伸长率(%)	断裂强力(N)	尺寸(cm)	断裂伸长率(%)	断裂强力(N)	尺寸(cm)	断裂伸长率(%)	断裂强力(N)	尺寸(cm)	断裂伸长率(%)	断裂强力(N)
1	0.82	16.8	150	0.90	15.6	130	1.00	14.5	115	1.08	13.7	104
2	0.90	17.5	149	0.97	16.5	129	1.05	15.4	114	1.12	14.4	103
3	1.16	18.7	146	1.24	17.2	126	1.30	16.2	110	1.38	15.1	101
4	1.24	19.5	145	1.30	18.0	126	1.38	16.9	110	1.44	15.8	100
5	1.40	20.6	144	1.48	18.9	125	1.52	17.7	109	1.60	16.5	100
6	0.87	17.7	120	0.96	16.8	108	1.05	15.8	100	1.12	15.0	94
7	0.90	18.3	119	0.98	17.7	107	1.08	16.4	98	1.13	15.5	93
8	0.98	19.2	118	1.05	18.2	107	1.10	17.3	96	1.16	16.0	92
9	1.04	20.1	115	1.12	18.9	104	1.18	17.9	95	1.24	16.7	90
10	1.10	21.0	113	1.18	19.6	102	1.28	18.8	95	1.34	17.5	87

注:缝型为明挽边,使用棉线和特氟隆压脚。

表 5.1.9　缝纫线对边口部位质量的影响

面料编号	尺寸变化(mm)		伸长率变化(%)		断裂强度变化(N)	
	棉线	涤纶线	棉线	涤纶线	棉线	涤纶线
1	1.04	1.02	17.0	14.1	117	113
2	1.14	1.13	17.9	14.8	115	112
3	1.40	1.39	18.7	16.5	114	110
4	1.47	1.47	19.4	17.2	113	109
5	1.71	1.70	20.3	17.8	110	108
6	1.10	1.10	18.2	15.1	99	93
7	1.14	1.13	18.8	15.9	98	93
8	1.17	1.17	19.3	16.7	97	91
9	1.25	1.25	19.8	17.5	94	90
10	1.35	1.33	20.5	18.1	93	88

注:线迹密度为9针/2 cm,采用接边和特氟隆压脚。

表 5.1.10　压脚对边口部位质量的影响

面料编号	尺寸变化(mm)		伸长率变化(%)		断裂强度变化(N)	
	铁压脚	特氟隆压脚	铁压脚	特氟隆压脚	铁压脚	特氟隆压脚
1	3.15	1.30	15.0	14.8	92	91
2	3.30	1.38	15.6	15.3	91	90
3	3.49	1.60	17.0	16.5	89	87

续表

面料编号	尺寸变化(mm)		伸长率变化(%)		断裂强度变化(N)	
	铁压脚	特氟隆压脚	铁压脚	特氟隆压脚	铁压脚	特氟隆压脚
4	3.60	1.67	17.8	17.2	88	87
5	3.82	1.86	18.5	18.1	87	85
6	3.32	1.28	15.8	15.4	75	73
7	3.36	1.32	16.2	15.8	74	72
8	3.45	1.35	17.0	16.6	74	72
9	3.51	1.44	17.7	17.4	72	70
10	3.63	1.50	18.6	18.1	70	69

注:线迹密度为10针/2cm,采用单面滚边和涤纶线。

从试验结果中可以粗略的看出边口部位质量的变化。以下简单分析边口尺寸、伸长率和强度的变化。

从表5.1.7可以看出,同种面料的尺寸变化为:暗挽边<明挽边<接边<单面滚边<双面滚边。同种面料的伸长率变化为:暗挽边<明挽边<接边<单面滚边<双面滚边。同种面料的强度变化为:暗挽边>明挽边>接边>单面滚边>双面滚边。

从表5.1.8可以看出,同种面料的尺寸变化为:8针/2cm<9针/2cm<10针/2cm<11针/2cm。同种面料的伸长率变化为:8针/2cm>9针/2cm>10针/2cm>11针/2cm。同种面料的强度变化为:8针/2cm>9针/2cm>10针/2cm>11针/2cm。

从表5.1.9可以看出,同种面料的尺寸变化为:棉线≥涤纶线。同种面料的伸长率变化为:棉线>涤纶线。同种面料的强度变化为:棉线>涤纶线。

从表5.1.10可以看出,同种面料的尺寸变化为:铁压脚>特氟隆压脚。同种面料的伸长率变化为:铁压脚>特氟隆压脚。同种面料的强度变化为:铁压脚>特氟隆压脚。

2. 结果分析

利用SPSS11.0软件对试验结果进行综合评价,通过均值比较、T检验、相关性分析等数理统计方法,客观地分析弹性针织面料性能对缝制的影响。

(1) 均值比较

选择均值比较,研究10种试样缝制后的性能变化,通过10种面料的均值比较分析(见表5.1.11),初步了解边口部位尺寸、伸长率和强度变化规律。

表5.1.11　10种面料的均值比较分析值

面料编号	项目	伸长率变化(%)	尺寸变化(mm)	断裂强力变化(N)
1	平均值	15.35	1.99	113.66
	标准差	2.48402	0.96974	20.52658
2	平均值	16.10	2.11	112.80
	标准差	2.51987	0.97025	20.64614

面料编号	项目	伸长率变化	尺寸变化	断裂强力变化
3	平均值	17.20	2.36	110.78
	标准差	2.51338	1.03421	20.51919
4	平均值	17.96	2.42	110.10
	标准差	2.51424	0.97557	20.40452
5	平均值	18.86	2.61	108.40
	标准差	2.69533	0.98626	20.51032
6	平均值	16.46	2.09	91.93
	标准差	2.20310	1.90388	17.67196
7	平均值	17.00	2.15	90.96
	标准差	2.20250	1.03395	17.68819
8	平均值	17.65	2.21	89.84
	标准差	2.20150	1.04482	17.66957
9	平均值	18.34	2.30	87.50
	标准差	2.19445	1.05515	17.48055
10	平均值	19.10	2.39	85.66
	标准差	2.25492	1.05994	17.43846
总计	平均值	17.40	2.69	100.16
	标准差	2.63584	12.01999	22.05451

对比平均值发现：第一组试样随着织物伸长率的增加，边口部位尺寸和伸长率变化逐渐增强，断裂强力变化逐渐减弱；第二组试样随着织物厚度的增大，边口部位质量的变化与第一组类似。说明较厚或弹性较好的针织面料缝制后边口质量变化大。同时，标准差的大小反映偏离平均值的幅度，标准差较大的偏离程度就大，这是由于缝纫因素差异导致同种试样的缝制效果不同。比较标准差：第一组＞第二组。说明织物伸长率对边口部位质量的影响比厚度明显，成衣生产实践也证实，缝制过程中针织面料的弹性对边口质量的影响最大。

（2）T检验

为检验数据分布的合理性，选择 T 检验法对边口部位的测量值进行分析验证。将缝制前的尺寸、伸长率、断裂强力作为标准，采用单一样本 T 检验研究边口缝制后的改变，通过对比各项检验值，研究两组试验的缝纫结果，并检验其合理性。其中，标准差和标准误反映出试验数据围绕平均值的波动程度；均数差是试样缝制前与缝制后的差值，正差值表示缝制后的增加值，负差值表示缝制后的减小值；置信区间表示试验结果的可信范围；T 值为单一样本的 T 检验值，P 表示 T 检验假设不成立的概率。

表 5.1.12　第一组试样 T 检验结果

项目	缝后尺寸（cm）	缝后伸长率（%）	缝后断裂强力（N）
平均值	51.15	35.71	128.61
标准差	0.503874	10.65886	21.46830
标准误	0.025194	0.53294	1.07342
T 值	45.595	−32.083	−23.074
P	0.000	0.000	0.000
95% 置信区间	[0.59,5.19]	[−30.15，−10.05]	[−126.88，−62.67]
均数差	1.14871	−17.0982	−24.7675

表 5.1.13　第二组试样 T 检验结果

项目	缝后尺寸（cm）	缝后伸长率（%）	缝后断裂强力（N）
平均值	51.54	27.37	97.60
标准差	8.485306	2.40991	17.94388
标准误	0.424265	0.12050	0.89719
T 值	3.627	−146.943	−82.164
P	0.000	0.000	0.000
95% 置信区间	[0.71,5.37]	[−27.94，−11.47]	[−145.48，−51.95]
均数差	1.53877	−17.7060	−73.7175

　　对比表 5.1.12 中标准差和标准误差发现：边口部位的伸长率和断裂强力的变化波动大，尺寸的变化波动小，说明试样伸长率对边口部位的服用性能影响更大，对尺寸变形的影响相对弱一些。尺寸、伸长率、断裂强力的变化都在置信区间内，证实了试验结果的可靠性。

　　对比表 5.1.13 中标准差和标准误发现：边口部位的尺寸和断裂强力的波动大，伸长率的波动小，说明试样厚度的变化对边口部位强度和尺寸的影响大，对伸长率影响小。尺寸、伸长率、断裂强力的变化都在置信区间内，证实了试验结果的可靠性。

　　对比两组试样的均数差发现：弹性针织面料缝制后尺寸变形增加呈扩张状态，而伸长率、断裂强力下降。这是由于针织物线圈的结构特点所致，线圈在受到外力拉伸时有向外扩张的特性。试验所选试样的纬向拉伸性较好，缝制过程中沿纬向会受到拉伸力，这些力使得面料产生伸长的变形。其中，急弹性变形立即回复，缓弹性变形会随着放置的时间增长逐渐回复，最后剩下的塑性变形则不得回复，最终导致面料缝制后的尺寸扩张。同时，织物在缝制后边口部位面料的折叠层数增加并且受到线迹的制约，当再次用同等拉力拉伸测试时伸长率减小。由于针织面料的强度大于缝纫线迹，因此，在受到拉伸时缝纫线先于织物破损，导致边口部位强度降低。

　　针织面料服装的边口部位在缝制中受到力的作用产生变形，其强度和拉伸性与线迹的性能有关。在试验过程中发现，缝纫线迹比面料先断裂，说明面料的强度和拉伸性好于线迹，边口部位的强度减弱与线迹有直接关系，而面料本身的性能对边口部位的强度影响较小。此外，面料在缝制过程中,受到机针的多次穿刺及缝纫线和设备的反复摩擦,使得织物纱线受损,使织物的强度下降。边口部位的伸长率受线迹的制约而减小,因此,试验中边口部位的断裂强力和伸长率是缝纫线迹和针织面料共同作用的结果。

（3）偏相关分析

涉及相关系数的数学工具是线性相关分析,它研究两个变量间的线性程度,相关系数常用 r 表示,没有单位,其值在 -1 和 1 之间。r 绝对值越接近 1,则两变量的线性相关程度就越大,若 r 等于零,则可认为两变量不是线性相关。r 大于零时,两变量的变化方向一致,为正相关;r 小于零时,两变量的变化方向相反,为负相关。

SPSS 的相关分析过程中给出假设成立的概率 P。检验的假设是:总体中两个变量的相关系数 $r=0$。一般地,给出假设成立概率 P 的域值为 0.05,当概率 P 大于 0.05 时,则认为原假设成立,即两变量的相关系数 $r=0$。自由度 df 表示样本中可以自由变动变量的个数,即支持结论的数据个数。

① 织物性能对边口尺寸、弹性和强度的影响

针织面料的弹性和厚度不同,对边口部位的尺寸、伸长率和强度的变化有影响。利用偏相关分析我们可以客观的分析织物性能对边口的影响（表 5.1.14）。控制缝纫因素的变化,即固定缝型、线迹密度、缝纫线、压脚等试验变量,探讨织物性能与边口部位质量变化的线性相关程度的显著性。

表 5.1.14　相关分析结果

组别	尺寸变化		伸长率变化		断裂强力变化	
	r	P	r	P	r	P
第一组	0.76	0.000	0.93	0.000	-0.34	0.000
第二组	-0.05	0.287	0.66	0.000	-0.02	0.000

注:$df=394$。

对比表 5.1.14 中 r 值大小发现:断裂强力变化的第一组 $r=-0.34$,第二组 $r=-0.02$,说明织物厚度和拉伸性与边口部位强度的相关性不显著。第一组线性相关性大于第二组,表示织物伸长率的线性相关系比织物厚度显著,说明伸长率对边口部位质量的影响更大。这些再次证实了均值比较中的结论。

尺寸变化中第二组 $r=-0.05$,$P=0.287>0.05$,表示织物厚度与边口部位尺寸变化的相关性不显著,但对比试验结果发现,随着织物厚度增大,缝制后的尺寸变化略有增加。这是由于缝制过程中压脚压力不变,厚度增加时相当于增加了压脚的压力,导致了尺寸变化。第一组 $r=0.76$,$P=0.000<0.05$,表示织物的伸长率与尺寸变化的线性正相关性显著,说明拉伸性好的织物其内部线圈的稳定性差,缝制后更易变形。

伸长率变化中第二组 $r=0.66$,$P=0.000<0.05$,表示织物越厚伸长率减小越显著,说明织物厚度增加时边口部位的伸长率减小。这是因为缝制时缝纫线的张力不变,厚度增加相当于缝线张力增大,线迹拉伸性减小导致边口部位的伸长率减小。第一组 $r=0.93$,$P=0.000<0.05$,表示织物拉伸性越好边口部位的伸长率减小越显著,这是由于织物的拉伸性比线迹更好,缝制后试样本身的伸长率受到线迹的束缚而减小,试样伸长率越大,这种束缚越显著,导致边口部位伸长率减小。

② 缝纫因素对边口部位质量的影响

通过试验知道,缝纫因素对边口部位质量的影响很大,利用偏相关分析研究缝制后边口的变化规律。控制织物性能,即固定伸长率、厚度等试验变量,分别探讨缝纫因素与边口质量的线性相关程度的显著性(表5.1.15、表5.1.16)。

表 5.1.15　第一组相关分析结果

缝纫因素	尺寸变化		伸长率变化		断裂强力变化	
	r	P	r	P	r	P
缝型	0.76	0.000	0.96	0.000	-0.95	0.000
线迹密度	0.29	0.839	-0.92	0.000	-0.90	0.000
缝纫线	0.01	0.324	0.94	0.000	0.50	0.006
压脚	0.98	0.001	0.40	0.026	0.16	0.327

注:$df = 393$。

表 5.1.16　第二组相关分析结果

缝纫因素	尺寸变化		伸长率变化		断裂强力变化	
	r	P	r	P	r	P
缝型	0.84	0.000	0.98	0.000	-0.98	0.000
线迹密度	-0.02	0.000	-0.97	0.000	-0.96	0.000
缝纫线	0.05	0.321	0.98	0.000	0.75	0.006
压脚	0.71	0.028	0.49	0.000	0.26	0.000

注:$df = 393$。

试验数据显示:缝型与边口部位的尺寸、伸长率和强度变化的相关性显著。表5.1.15第一组中缝型与尺寸变化的相关性$r = 0.76$,表5.1.16第二组中缝型与尺寸变化的相关性$r = 0.84$。表示缝型与尺寸变化正相关性显著,在其他缝纫条件相同时,5种缝型的尺寸大小为暗挽边＜明挽边＜接边＜单面滚边＜双面滚边。这是由于不同缝型的边口部位面料折叠层数增加使边口部位厚度增大,前面我们知道:厚度增加时尺寸变化也会增加,所以边口部位折叠的层数增加导致尺寸变化增加。

表5.1.15第一组中缝型与伸长率变化的相关性$r = 0.96$,表5.1.16第二组中缝型与尺寸变化的相关性$r = 0.98$。表示缝型与伸长率变化正相关性显著,在其他缝纫条件相同时,5种缝型的伸长率大小为暗挽边＞明挽边＞接边＞单面滚边＞双面滚边。这是由于不同缝型边口部位折叠层数增加、拉伸力一定时,层数多的边口部位伸长率较小。

表5.1.15第一组中缝型与强度变化的相关性$r = -0.95$;表5.1.16第二组中缝型与强度变化的相关性$r = -0.98$。表示缝型与强度负相关性显著,随着边口部位面料层数增加强度变化减小,即层数越多强度越好,为暗挽边＜明挽边＜接边＜单面滚边＜双面滚边。这是由于缝型边口部位折叠层数增加,导致拉伸断裂时拉断的织物层数增加,拉伸断裂强力增大。

线迹密度与边口部位的伸长率和强度变化的相关性显著。表5.1.15第一组中线迹密度与伸长率变化的相关性$r = -0.92$,表5.1.16第二组中线迹密度与伸长率变化的相关性$r = -0.97$。表示线迹密度与伸长率变化负相关性显著,随着线迹密度增加伸长率的变化减小,即缝制时线迹密度越大,边口部位的伸长率越好。这是由于较密的线迹密度,储线量较多,拉伸性较好,导致伸长率增大。表5.1.15第一组中线迹密度与强度变化的相关性$r = -0.90$,表5.1.16第二组中线迹密度与强度变化的相关性$r = -0.96$。表示线迹密度与强度变化负相关性显著,随着线迹密度增加,强度的变化减小,即缝制时线迹密度越大,边口部位的强度越好。这是由于较密的线迹密度储线量增多,织物的伸长率增加导致拉伸断裂时的拉伸增加。

缝纫线与边口部位的伸长率和强度变化的相关性显著。表 5.1.15 第一组中缝纫线与伸长率变化的相关性 $r=0.94$,表 5.1.16 第二组中缝纫线与伸长率变化的相关性 $r=0.98$。表示缝纫线与伸长率变化正相关性显著,使用涤纶线缝制的边口部位伸长率较大。这是由于涤纶线的伸长率好于棉线,使线迹的伸长率增加。表 5.1.15 第一组中缝纫线与强度变化的相关性 $r=0.50$,表 5.1.16 第二组中缝纫线与强度变化的相关性 $r=0.75$。表示缝纫线与强度变化正相关性显著,使用涤纶线缝制的边口部位强度较大。这是由于涤纶线的强度好于棉线,使线迹的强度增加。

压脚与边口部位尺寸变化的相关性显著。表 5.1.15 第一组中压脚与尺寸变化的相关性 $r=0.98$,表 5.1.16 第二组中压脚与尺寸变化的相关性 $r=0.71$。表示缝型与尺寸变化正相关性显著,使用特氟隆压脚的织物尺寸变形比普通铁压脚要小。这是由于在进行下送式推布时缝料的表面要与压脚的底面发生摩擦,这个力的反作用使面料产生滑移。使用特氟隆压脚可以降低与缝料间的摩擦,减小尺寸的变化。

3. 边口部位质量控制

通过试验知道,边口部位尺寸和性能变化主要受缝纫因素影响。织物本身的性能不会直接影响边口质量。缝型、线迹密度、缝纫线、压脚等缝纫因素,在缝制过程中会直接影响边口部位的尺寸和性能,决定成衣生产的质量。下面根据数据分析中的结论探讨对边口部位强度、尺寸和伸长率控制的方法。

(1) 强度

通过偏相关分析知道:影响边口部位强度的主要缝纫因素有缝型(如图 5.1.2)、线迹密度(如图 5.1.3)和缝纫线(如图 5.1.4)。

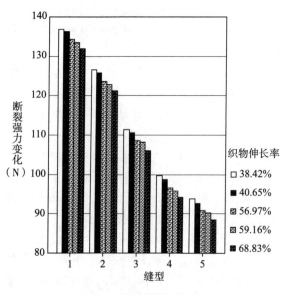

图 5.1.2 缝型对强度的影响

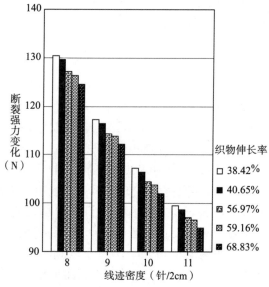

图 5.1.3 线迹密度对强度的影响

　　图5.1.2中显示的缝型变化对强度的影响与前面相关分析中的结论相符,边口部位强度大小为:暗挽边<明挽边<接边<单面滚边<双面滚边。图5.1.3中显示的线迹密度变化对强度的影响与前面相关分析中的结论相符,边口部位强度大小为:8针/2 cm<9针/2 cm<10针/2 cm<11针/2 cm。

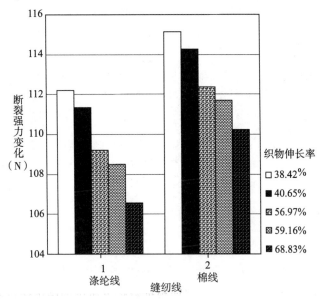

图5.1.4　缝纫线对强度的影响

　　图5.1.4中显示的缝纫线差异对强度的影响与前面相关分析中的结论相符,边口部位强度大小为:涤纶线>棉线。

　　选择强度好的缝型和线迹都可以增强边口部位的强度,但成衣生产中规定了边口部位的款式后缝型就没有太大的变化余地。从前面的图5.1.1缝型示意图中发现,挽边和滚边的效果差距很明显,而滚边和接边外观效果相似,有时可以互相替换,这时滚边是首选;同时当面料较厚时,滚边的拉伸性小于接边。在实际生产中发现,缝制边口部位的牙条不像试验中只选用本料,通常会选用比织物的拉伸性更好的牙条以保证边口部位的服用性能。所以选择强度较好的缝纫线和较大的线迹密度可以提高线迹的强度,以达到提高边口部位强度的目的。

　　(2)尺寸

　　通过偏相关分析知道:影响边口部位尺寸变化的主要是缝型(如图5.1.5)和压脚(如图5.1.6)。

　　图5.1.5中显示的缝型变化对尺寸的影响与前面相关分析中的结论相符,边口部位尺寸大小为:暗挽边<明挽边<接边<单面滚边<双面滚边。图5.1.6中显示的压脚差异对尺寸的影响与前面相关分析中的结论相符,边口部位尺寸大小为:特氟隆压脚<铁压脚。

　　在实际生产中发现,织物缝制过程中不可避免的受到各种力的作用,压脚的摩擦力对尺寸的影响较大,会导致不可逆的变形。缝制弹性较好的针织面料时最好选用特氟隆压脚,因压脚底面光滑而送布顺畅。由前文已经知道缝型对尺寸的影响是因为边口部位面料层数的变化使边口部位的厚度增加导致尺寸变化增大。可以通过减小边口部位的厚度来减小尺寸的变化。在实际生产中,可以选用性能与面料相近、厚度较小的牙条来减小边口部位的厚度,以减小尺寸的变化。

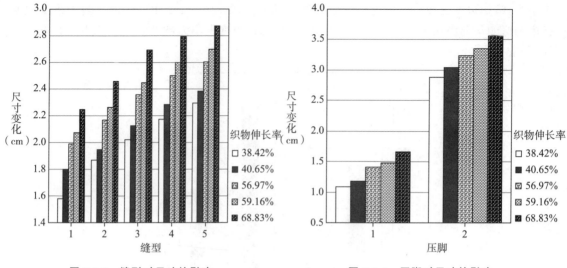

图 5.1.5　缝型对尺寸的影响　　　　图 5.1.6　压脚对尺寸的影响

（3）伸长率

通过偏相关分析知道：影响边口部位弹性变化的是缝型（如图 5.1.7）、线迹密度（如图 5.1.8）、缝纫线（如图 5.1.9）。

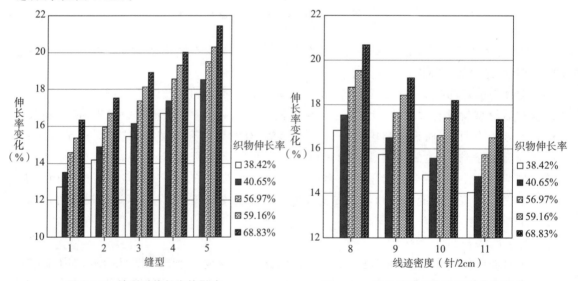

图 5.1.7　缝型对伸长率的影响　　　　图 5.1.8　线迹密度对伸长率变化的影响

图 5.1.7 中显示的缝型不同对伸长率的影响与前面相关分析中的结论相符,边口部位伸长率大小为:暗挽边＞明挽边＞接边＞单面滚边＞双面滚边。图 5.1.8 中显示的线迹密度不同对伸长率的影响与前面相关分析中的结论相符,边口部位伸长率大小为:8 针/2 cm＜9 针/2 cm＜10 针/2 cm＜11 针/2 cm。

图 5.1.9 中显示的缝纫线差异对伸长率的影响与前面相关分析中的结论相符,边口部位伸长率大小为:涤纶线＞棉线。

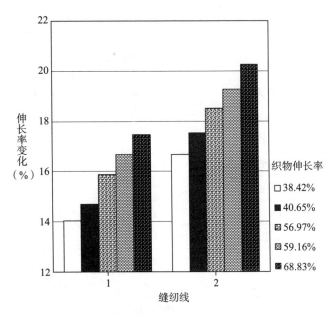

图 5.1.9　缝纫线对伸长率的影响

　　伸长率变化主要是因为面料在缝制后受到了缝纫线的制约。提高边口部位的拉伸性能主要从两方面入手：一是选择弹性较好的缝型，如明挽、暗挽、接边等；二是提高缝纫线迹的弹性，既可以选择弹性较好的涤纶线，也可以增加线迹密度。在试验过程中还发现，适当的减小缝线张力也可以提高线迹的拉伸性。

三、测试结果的应用推广

　　前面的结论可以应用于针织服装的边口部位。领口、袖口、底摆等不同部位具有穿着使用和尺寸上的差异，因此缝制不同部位时应采用不同的缝制方法。在均值比较和相关分析中，我们证实了在缝制过程中，首要考虑织物弹性对缝制的影响。

　　1. 袖口

　　在穿着中发现，针织服装常会有袖口损坏的现象，这主要是因为拉伸性和强度不能满足穿着的需要。根据表 5.1.14 中 T 检验质量变化的置信区间可知，袖口尺寸变化约为 0.3～2.6 cm，伸长率减小约为 10％～30％，断裂强力减小约 63～127N。在实际生产中，袖口的质量主要取决于拉伸性能和强度，由于袖口围度小，因此尺寸变化小。由前文已经知道尺寸变化可以选择底面光滑的特氟隆压脚进行调节，可以把袖口的尺寸误差控制在质检要求的 1 cm 之内，具体数值参见试验结果中表 5.1.7～表 5.1.10 中试样的尺寸变化。袖口的伸长率和强度的控制应根据面料性能确定合适的缝纫因素。袖口的缝制参照表 5.1.17。

表 5.1.17　袖口的缝纫参数设计

面料性能	缝型	线迹密度	缝纫线	压脚
低弹	暗挽边	10 针/2 cm	涤纶线	铁压脚
	明挽边	10 针/2 cm	涤纶线	铁压脚
	接边	10 针/2 cm	涤纶线	铁压脚
	单面滚边	10 针/2 cm	涤纶线	铁压脚
	双面滚边	10 针/2 cm	涤纶线	铁压脚
中弹	暗挽边	10 针/2 cm	涤纶线	铁压脚
	明挽边	10 针/2 cm	涤纶线	铁压脚
	接边	10 针/2 cm	涤纶线	铁压脚
	单面滚边	11 针/2 cm	涤纶线	特氟隆压脚
	双面滚边	11 针/2 cm	涤纶线	特氟隆压脚
高弹	暗挽边	10 针/2 cm	涤纶线	铁压脚
	明挽边	10 针/2 cm	涤纶线	铁压脚
	接边	11 针/2 cm	涤纶线	铁压脚
	单面滚边	11 针/2 cm	涤纶线	特氟隆压脚
	双面滚边	11 针/2 cm	涤纶线	特氟隆压脚

　　针织服装生产中,袖口常采用的缝型有明挽边、接边、滚边,暗挽边不适合袖口的缝制。研究发现,由于袖口围度小、拉伸频率高,缝制时采用弹性好的涤纶线,线迹密度 10～11 针/2 cm 时服用效果最佳,多数情况选用普通铁压脚即可满足加工需要。双面滚边的立体感较好适合轻薄的织物,并且袖口里面干净美观;滚边效果与双面滚边相近,并节省劳动力,降低生产陈本。在生产中接边和滚边的装饰性较强,可以选择不同材质的牙条来调节边口的尺寸和性能。

　　值得注意的,高弹面料接边时要加大线迹,采用 11 针/2 cm 线迹密度。中弹和高弹面料滚边时,要采用底面光滑的特氟隆压脚,以减小尺寸变形;线迹密度要比其他缝型大,线迹密度为 11 针/2 cm。此外,滚边的牙条既可以选用本料也可以选用耐用性和弹性更好的针织物。

　　轻薄的针织物应当适当增加线迹密度,以不超过 11 针/2 cm 为宜,选择底面摩擦力小的特氟隆压脚;厚重的针织物应当适当减小线迹密度,但不得少于 10 针/2 cm,同时,减小缝线的张力确保线迹平整。

　　2. 底摆

　　针织服装底摆在缝制中,常出现横向扩张,甚至呈扇形状,严重影响了成衣的外观形态。根据表 5.1.12 中 T 检验质量变化的置信区间可知,底摆尺寸变化为 1.0～10.0 cm,尺寸的变化较明显,对针织服装的外观影响很大;伸长率减小为 10%～30%;断裂强力减小 63～127N。从表 5.1.14 的相关性分析可以看出,拉伸性好的织物的伸长率和断裂强力的减小显著,但由于下摆宽阔,性能的变化对穿着的影响不大。底摆的缝制参照表 5.1.18。

表 5.1.18　底摆的缝纫参数

面料性能	缝型	线迹密度	缝纫线	压脚
低弹	暗挽边	8 针/2 cm	棉线	铁压脚
	明挽边	8 针/2 cm	棉线	铁压脚
	接边	8 针/2 cm	棉线	铁压脚
	单面滚边	8 针/2 cm	涤纶线	特氟隆压脚
	双面滚边	8 针/2 cm	涤纶线	特氟隆压脚
中弹	暗挽边	8 针/2 cm	棉线	铁压脚
	明挽边	8 针/2 cm	棉线	特氟隆压脚
	接边	8 针/2 cm	棉线	特氟隆压脚
	单面滚边	9 针/2 cm	涤纶线	特氟隆压脚
	双面滚边	9 针/2 cm	涤纶线	特氟隆压脚
高弹	暗挽边	8 针/2 cm	涤纶线	铁压脚
	明挽边	8 针/2 cm	涤纶线	特氟隆压脚
	接边	9 针/2 cm	涤纶线	特氟隆压脚
	单面滚边	9 针/2 cm	涤纶线	特氟隆压脚
	双面滚边	9 针/2 cm	涤纶线	特氟隆压脚

　　针织服装生产中,底摆常采用的缝型有暗挽边、明挽边、接边,滚边在底摆应用较少,因为缝制后尺寸变形较大。缝制时采用弹性好的涤纶线,线迹密度 8～9 针/2 cm 时尺寸变化最小,缝制效果最好。同样的,为减小尺寸伸长,缝制时多采用特氟隆压脚。缝纫线多用棉线,也可根据面料的材料和性能选择。

　　低弹针织面料接边时边口部位较厚,要适当提高压脚,减小压力从而达到减小尺寸变形,并适当减小缝纫线的张力,使线迹平整顺畅。较厚的针织物在接边时最好接稍轻薄的织物以减小边口部位的厚度,以便于穿着使用。线迹密度可选择 9 针/2 cm。中弹面料在缝制时线迹密度可选择 8～9 针/2 cm 之间,暗线挽边时应注意少缝和漏缝的现象。接边时底摆最好采用弹性较好的涤纶线。对比试验结果发现:高弹面料底摆的尺寸最不好控制,暗线挽边的效果是最好的。但生产实践证实,轻薄的针织物在缝制时在正面很容易露线,通常采用明线挽边。厚重的针织物底摆用较薄的织物接边效果更佳,服用性能也好。线迹密度在 9 针/2 cm 左右为宜。

　　3. 领口

　　在成衣生产中,领口的质量是边口部位质检的最关键部位。它的性能不同于袖口和底摆,同时受到经向和纬向的影响。根据表 5.1.12 中 T 检验质量变化的置信区间可知,领口尺寸变化为 0.6～5.2 cm,伸长率减小为 10%～30%;断裂强力减小为 63～127N。领口的尺寸横向扩张使得其贴体效果差甚至外翻,使服装风格发生变化。根据表 5.1.14 的相关性分析可知,织物的伸长率越大,尺寸变化越显著。因此,弹性好的织物制成的服装领口容易出现尺寸伸长而导致不服贴。领口的拉伸性至少要满足头围需要,穿着时才不会出现拉伸破损的现象。领口的缝制参照表 5.1.19。

表 5.1.19　领口的缝纫参数

面料性能	缝型	线迹密度	缝纫线	压脚
低弹	暗挽边	9 针/2 cm	棉线	特氟隆压脚
	明挽边	9 针/2 cm	棉线	特氟隆压脚
	接边	9 针/2 cm	棉线	特氟隆压脚
	单面滚边	10 针/2 cm	涤纶线	特氟隆压脚
	双面滚边	10 针/2 cm	涤纶线	特氟隆压脚
中弹	暗挽边	9 针/2 cm	棉线	特氟隆压脚
	明挽边	9 针/2 cm	棉线	特氟隆压脚
	接边	10 针/2 cm	涤纶线	特氟隆压脚
	单面滚边	10 针/2 cm	涤纶线	特氟隆压脚
	双面滚边	10 针/2 cm	涤纶线	特氟隆压脚
高弹	暗挽边	9 针/2 cm	棉线	特氟隆压脚
	明挽边	10 针/2 cm	涤纶线	特氟隆压脚
	接边	10 针/2 cm	涤纶线	特氟隆压脚
	单面滚边	10 针/2 cm	涤纶线	特氟隆压脚
	双面滚边	10 针/2 cm	涤纶线	特氟隆压脚

　　研究显示,领口多选用缝型滚边、接边缝制,最佳参数组合为:线迹密度 9～10 针/2 cm,特氟隆压脚及弹性和强度较好的涤纶线。

　　值得注意的是,弹性较好的面料线迹采用 10 针/2 cm,较低的织物线迹适当减小,但不得低于 9 针/2 cm。

　　低弹面料滚边时尽量选择弹性和强度较好的牙条,增强边口部位的性能,并且增强尺寸的稳定性。较厚的针织面料在滚边时,可采用单面滚边,或者选用弹性好厚度小的牙条。线迹密度采用 9 针/2 cm,并适当放送缝纫线的张力,以减小尺寸变形,提高领口的使用性能。中弹针织面料多是棉和合纤的混纺织物,缝制领口时可选择涤纶线或涤棉混纺线,线迹密度通常为 9～10 针/2 cm。

　　此外,高弹针织面料滚边时采用拉领工艺可以提高领口的质量,领口的夹心布通常采用超高弹的针织物,要根据面料的弹性适当调紧但又不能影响外观。在棉线缝制不顺畅时,可用硅油对缝纫线进行整理,使其顺滑。

四、本节小结

　　① 弹性针织面料成衣加工生产中,首先要考虑织物的拉伸性能对边口缝制的影响,其次是织物的厚度。织物的拉伸性影响缝制后边口的尺寸、伸长率和强度的变化;厚度影响伸长率的变化。织物拉伸性能越大,尺寸变化越大,织物越厚,伸长率变化越显著。

② 边口部位的质量主要受到缝型、线迹密度、缝纫线、压脚等因素的影响。边口强度受缝型、线迹密度和缝纫线的影响显著。

选用不同缝型,边口强度关系为:暗挽边＜明挽边＜接边＜单面滚边＜双面滚边;伸长率间关系为:暗挽边＞明挽边＞接边＞单面滚边＞双面滚边;尺寸变形为:暗挽边＜明挽边＜接边＜单面滚边＜双面滚边。

线迹密度参数不同,边口的强度与伸长率也会产生差异。边口强度、边口伸长率与线迹密度呈正比关系。其中,边口强度为:8 针/2 cm＜9 针/2 cm＜10 针/2 cm＜11 针/2 cm;边口伸长率为:8 针/2 cm＜9 针/2 cm＜10 针/2 cm＜11 针/2 cm。

边口尺寸受选用压脚的影响。选用特氟隆压脚缝制,边口尺寸相对稳定。而缝纫线对伸长率和断裂强力的影响较显著。选用涤纶线缝制时,边口伸长率与断裂强力均好于棉线。

③ 根据针织面料的弹性和厚度合理选配缝纫因素,可以使边口部位的尺寸、弹性和强度满足弹性针织服装的需要。针织服装袖口常用的明挽、接边、滚边缝型,宜采用涤纶线和铁压脚,最佳线迹密度为 10~11 针/2 cm。领口常用滚边、接边缝型,宜选择底面光滑的特氟隆压脚及弹性和强度较好的涤纶线,最佳线迹密度为 9~10 针/2 cm。底摆常用暗挽、明挽、接边缝型,采用涤纶线是最佳选择,宜选特氟隆压脚,线迹密度为 8~9 针/2 cm。

附录 A　试验结果

表 A1　使用特氟隆压脚和涤纶缝纫线缝制后的尺寸　　　　　　　　　　单位:cm

缝型		面料编号									
		1	2	3	4	5	6	7	8	9	10
暗挽边	8 针/2 cm	50.67	50.78	50.95	51.04	51.25	50.72	50.74	50.77	50.86	50.92
	9 针/2 cm	50.73	50.84	51.01	51.10	51.30	50.80	50.83	50.90	50.96	51.07
	10 针/2 cm	50.80	50.90	51.09	51.17	51.38	50.87	50.90	50.97	51.06	51.15
	11 针/2 cm	50.86	50.95	51.14	51.22	51.43	50.92	50.96	51.03	51.12	51.25
明挽边	8 针/2 cm	50.82	50.90	51.15	51.22	51.40	50.87	50.90	50.96	51.04	51.10
	9 针/2 cm	50.90	50.97	51.22	51.30	51.46	50.95	50.98	51.03	51.10	51.18
	10 针/2 cm	50.98	51.04	51.30	51.37	51.52	51.03	51.07	51.10	51.17	51.27
	11 针/2 cm	51.06	51.10	51.36	51.66	51.60	51.10	51.11	51.16	51.24	51.33
接边	8 针/2 cm	50.97	51.09	51.31	51.42	51.64	51.01	51.05	51.09	51.18	51.25
	9 针/2 cm	51.04	51.13	51.39	51.47	51.70	51.10	51.13	51.17	51.25	51.33
	10 针/2 cm	51.14	51.22	51.48	51.54	51.77	51.16	51.20	51.23	51.32	51.40
	11 针/2 cm	51.25	51.32	51.53	51.60	51.82	51.22	51.25	51.30	51.42	51.50

缝型		面料编号									
		1	2	3	4	5	6	7	8	9	10
单面滚边	8 针/2 cm	51.12	51.20	51.42	51.50	51.69	51.15	51.16	51.20	51.29	51.34
	9 针/2 cm	51.21	51.29	51.51	51.58	51.79	51.21	51.25	51.28	51.36	51.42
	10 针/2 cm	51.30	51.38	51.60	51.67	51.86	51.28	51.32	51.35	51.42	51.50
	11 针/2 cm	51.40	51.49	51.68	51.77	51.92	51.33	51.38	51.42	51.52	51.61
双面滚边	8 针/2 cm	51.23	51.31	51.53	51.62	51.80	51.27	51.30	51.36	51.43	51.50
	9 针/2 cm	51.32	51.40	51.65	51.73	51.88	51.32	51.37	51.42	51.52	51.61
	10 针/2 cm	51.41	51.48	51.78	51.82	51.95	51.40	51.45	51.50	51.60	51.69
	11 针/2 cm	51.50	51.57	51.84	51.95	52.04	51.49	51.55	51.59	51.68	51.77

表 A2　使用特氟隆压脚和棉缝纫线缝制后的尺寸　　　　　　　单位:cm

缝型		面料编号									
		1	2	3	4	5	6	7	8	9	10
暗挽边	8 针/2 cm	50.07	50.78	50.96	51.04	51.26	52.68	52.70	52.76	52.87	52.84
	9 针/2 cm	50.74	50.58	51.04	51.10	51.32	52.76	52.79	52.84	52.98	53.02
	10 针/2 cm	51.80	51.92	51.10	51.19	51.40	52.83	52.87	52.93	53.10	53.17
	11 针/2 cm	50.86	50.95	51.15	51.24	51.43	52.90	52.95	53.00	53.19	53.30
明挽边	8 针/2 cm	50.82	50.90	51.16	51.24	51.40	52.80	52.84	52.90	53.01	53.10
	9 针/2 cm	50.90	50.97	51.24	51.30	51.48	52.88	52.91	52.99	53.16	53.22
	10 针/2 cm	51.00	51.05	51.30	51.38	51.52	52.97	53.01	53.10	53.24	53.33
	11 针/2 cm	51.08	51.12	51.38	51.44	51.60	53.08	53.13	53.17	53.31	53.42
接边	8 针/2 cm	50.96	51.05	51.31	51.40	51.60	52.96	52.99	53.03	53.12	53.20
	9 针/2 cm	51.04	51.14	51.40	51.47	51.71	53.05	53.10	53.15	53.24	53.31
	10 针/2 cm	51.14	51.25	51.48	51.55	51.79	53.18	53.20	53.23	53.31	53.40
	11 针/2 cm	51.25	51.32	51.54	51.60	51.85	53.25	53.28	53.33	53.40	53.51
单面滚边	8 针/2 cm	51.14	51.20	51.44	51.52	51.70	53.17	53.20	53.24	53.35	53.44
	9 针/2 cm	51.22	51.30	51.53	51.60	51.83	53.25	53.28	53.35	53.42	53.53
	10 针/2 cm	51.32	51.38	51.60	51.68	51.88	53.32	53.36	53.45	53.51	53.63
	11 针/2 cm	51.41	51.50	51.70	51.77	51.94	53.40	53.43	53.56	53.62	53.70
双面滚边	8 针/2 cm	51.24	51.35	51.55	51.62	51.80	53.33	53.25	53.42	53.50	53.58
	9 针/2 cm	51.32	51.42	51.67	51.73	51.90	53.41	53.44	53.50	53.62	53.69
	10 针/2 cm	51.41	51.50	51.78	51.82	51.97	53.52	53.54	53.61	53.70	53.82
	11 针/2 cm	51.50	51.58	51.86	51.96	52.05	53.58	53.60	53.72	53.77	53.90

表 A3　使用铁压脚和涤纶缝纫线缝制后的尺寸　　　　　　　　单位:cm

缝型		面料编号									
		1	2	3	4	5	6	7	8	9	10
暗挽边	8 针/2 cm	52.45	52.57	52.73	52.85	52.97	50.74	50.75	50.78	50.86	50.94
	9 针/2 cm	52.56	52.68	52.87	52.92	53.10	50.81	50.83	50.90	50.98	51.08
	10 针/2 cm	52.68	52.80	52.97	53.06	53.21	50.87	50.90	50.98	51.06	51.15
	11 针/2 cm	52.80	52.87	53.08	53.19	53.30	50.92	50.96	51.05	51.12	51.25
明挽边	8 针/2 cm	52.60	52.73	52.92	53.01	53.23	50.87	50.90	50.98	51.04	51.10
	9 针/2 cm	52.72	52.80	53.00	53.10	53.35	50.96	50.98	51.05	51.12	51.18
	10 针/2 cm	52.85	52.94	53.12	53.25	53.44	51.05	51.08	51.10	51.18	51.28
	11 针/2 cm	53.00	53.08	53.25	53.38	53.62	51.12	51.13	51.16	51.24	51.34
接边	8 针/2 cm	52.74	52.87	53.05	53.14	53.42	51.02	51.05	51.10	51.20	51.26
	9 针/2 cm	52.85	53.00	53.22	53.30	53.60	51.10	51.14	51.17	51.25	51.35
	10 针/2 cm	52.98	53.09	53.35	53.47	53.75	51.16	51.20	51.25	51.34	51.42
	11 针/2 cm	53.10	53.22	53.44	53.56	53.80	51.22	51.26	51.30	51.42	51.51
单面滚边	8 针/2 cm	52.93	53.04	53.27	53.40	53.62	51.15	51.18	51.20	51.30	51.35
	9 针/2 cm	53.02	53.18	53.40	53.47	53.70	51.22	51.26	51.30	51.36	51.44
	10 针/2 cm	53.15	53.30	53.49	53.60	53.82	51.28	51.32	51.36	51.45	51.52
	11 针/2 cm	53.22	53.38	53.57	53.78	53.90	51.34	51.38	51.42	51.52	51.61
双面滚边	8 针/2 cm	53.10	53.17	53.36	53.49	53.70	51.28	51.30	51.36	51.44	51.50
	9 针/2 cm	53.15	53.26	53.45	53.58	53.77	51.36	51.40	51.42	51.52	51.64
	10 针/2 cm	53.24	53.37	53.56	53.66	53.85	51.44	51.47	51.51	51.60	51.71
	11 针/2 cm	53.36	53.45	53.65	53.74	53.94	51.50	51.56	51.60	51.70	51.78

表 A4　使用铁压脚和棉缝纫线缝制后的尺寸　　　　　　　　单位:cm

缝型		面料编号									
		1	2	3	4	5	6	7	8	9	10
暗挽边	8 针/2 cm	52.50	52.58	52.75	52.85	52.98	52.70	52.72	52.76	52.88	52.95
	9 针/2 cm	52.58	52.68	52.87	52.94	53.11	52.77	52.79	52.85	53.00	53.02
	10 针/2 cm	52.70	52.80	52.98	53.06	53.24	52.85	52.88	52.93	53.12	53.19
	11 针/2 cm	52.80	52.88	53.10	53.20	53.30	52.90	52.95	53.02	53.20	53.33
明挽边	8 针/2 cm	52.62	52.74	52.94	53.03	53.25	52.80	52.82	52.84	53.04	53.10
	9 针/2 cm	52.72	52.80	53.00	53.10	53.16	52.89	52.92	53.00	53.16	53.23
	10 针/2 cm	52.85	52.94	53.13	53.26	53.44	52.97	53.01	53.10	53.25	53.35
	11 针/2 cm	53.00	53.08	53.26	53.40	53.62	53.08	53.15	53.20	53.32	53.44

续表

缝型		面料编号									
		1	2	3	4	5	6	7	8	9	10
接边	8 针/2 cm	52.75	52.87	53.06	53.16	53.43	52.97	53.00	53.04	53.15	53.22
	9 针/2 cm	52.85	53.01	53.22	53.30	53.61	53.05	53.10	53.15	53.26	53.35
	10 针/2 cm	53.00	53.10	53.36	53.48	53.76	53.18	53.22	53.27	53.33	53.44
	11 针/2 cm	53.10	53.22	53.44	53.58	53.80	53.25	53.28	53.35	53.42	53.53
单面滚边	8 针/2 cm	52.93	53.05	53.27	53.41	53.62	53.18	53.20	53.25	53.36	53.45
	9 针/2 cm	53.02	53.18	53.40	53.48	53.71	53.25	53.28	53.35	53.44	53.56
	10 针/2 cm	53.16	53.31	53.50	53.61	53.83	53.33	53.36	53.46	53.52	53.64
	11 针/2 cm	53.22	53.40	53.58	53.80	53.90	53.42	53.44	53.56	53.63	53.72
双面滚边	8 针/2 cm	53.12	53.18	53.37	53.50	53.70	53.35	53.36	53.41	53.50	53.58
	9 针/2 cm	53.16	53.28	53.45	53.58	53.84	53.44	53.48	53.50	53.62	53.70
	10 针/2 cm	53.27	53.37	53.56	53.66	53.87	53.52	53.54	53.62	53.70	53.84
	11 针/2 cm	53.38	53.46	53.66	53.74	53.95	53.58	53.60	53.72	53.81	53.92

表 A5 使用特氟隆压脚和涤纶缝纫线缝制后的伸长率   单位:%

缝型		面料编号									
		1	2	3	4	5	6	7	8	9	10
暗挽边	8 针/2 cm	25.8	27.3	42.2	43.9	52.8	31.1	28.5	29.0	28.7	29.2
	9 针/2 cm	26.6	28.2	42.9	44.5	53.6	31.9	29.4	30.1	29,5	30,1
	10 针/2 cm	27.3	28.9	44.1	45.6	54.4	33.0	30.5	31.15	30.5	31.2
	11 针/2 cm	28.0	29.6	45.0	46.5	55.3	33.7	31.1	31.8	31.4	32.1
明挽边	8 针/2 cm	24.4	25.9	40.9	42.4	51.2	30.4	27.6	28.2	27.8	28.1
	9 针/2 cm	25.3	26.8	41.7	43.3	52.4	31.3	28.5	29.0	28.6	29.0
	10 针/2 cm	26.1	27.6	42.8	44.2	53.3	32.0	29.3	30.2	29.6	30.1
	11 针/2 cm	26.8	28.4	43.8	45.5	54.1	32.9	30.0	30.8	30.2	30.9
接边	8 针/2 cm	23.2	24.8	39.7	41.1	50.0	29.5	27.2	27.4	27.0	27.4
	9 针/2 cm	24.3	25.8	40.4	41.9	51.0	30.6	27.6	28.1	27.5	28.1
	10 针/2 cm	25.0	26.6	41.6	43.0	51.8	31.2	28.5	29.1	28.5	29.2
	11 针/2 cm	25.7	27.3	42.4	43.9	52.5	32.1	29.3	29.9	29.4	30.0
单面滚边	8 针/2 cm	22.1	23.7	38.9	40.4	49.3	28.2	25.6	26.4	26.0	26.1
	9 针/2 cm	22.9	24.6	39.6	41.0	50.1	29.4	26.8	27.4	26.8	27.0
	10 针/2 cm	23.6	25.3	40.4	41.9	50.7	30.3	27.7	28.2	27.6	28.1
	11 针/2 cm	24.4	25.9	41.1	42.7	51.6	31.1	28.5	29.2	28.7	29.2

续表

缝型		面料编号									
		1	2	3	4	5	6	7	8	9	10
双面滚边	8 针/2 cm	20.9	22.5	37.5	39.0	47.8	27.3	24.6	25.6	25.3	25.0
	9 针/2 cm	22.0	23.5	38.1	40.2	49.1	28.6	25.7	26.5	25.9	26.2
	10 针/2 cm	22.8	24.2	39.8	41.1	49.9	29.7	26.9	27.4	26.7	26.8
	11 针/2 cm	23.7	25.4	40.3	41.8	50.7	30.4	27.6	28.4	27.9	28.0

表A6 使用特氟隆压脚和棉缝纫线缝制后的伸长率 单位:%

缝型		面料编号									
		1	2	3	4	5	6	7	8	9	10
暗挽边	8 针/2 cm	23.1	24.6	39.5	40.9	49.3	30.7	27.9	28.4	28.1	28.6
	9 针/2 cm	24.4	25.4	40.8	41.1	49.9	31.2	29.0	29.7	29.2	29.7
	10 针/2 cm	25.6	26.7	42.2	43.6	52.1	32.5	29.7	30.5	29.9	30.5
	11 针/2 cm	26.5	27.9	43.4	44.8	53.6	33.4	30.6	31.4	31.0	31.5
明挽边	8 针/2 cm	21.6	23.1	38.2	39.6	48.2	30.1	27.3	27.8	27.3	27.8
	9 针/2 cm	21.4	22.7	38.2	39.7	48.5	30.9	28.2	28.8	28.3	28.7
	10 针/2 cm	23.9	25.2	40.7	42.2	51.1	31.6	28.7	29.6	29.3	29.7
	11 针/2 cm	24.7	26.2	41.8	43.3	52.3	32.6	29.7	30.3	29.8	30.3
接边	8 针/2 cm	20.2	21.6	36.8	38.2	47.0	29.2	26.4	27.1	26.6	27.1
	9 针/2 cm	21.4	22.7	38.2	39.7	48.5	30.2	27.3	27.8	27.3	27.8
	10 针/2 cm	22.3	23.6	39.1	40.6	49.6	30.8	28.2	28.8	28.2	29.0
	11 针/2 cm	23.1	24.2	39.9	41.2	50.3	31.7	28.9	29.5	29.0	29.4
单面滚边	8 针/2 cm	18.8	20.3	35.4	36.8	45.7	27.8	25.2	25.9	25.6	25.9
	9 针/2 cm	20.1	21.5	36.7	38.1	47.1	29.2	26.5	27.0	26.3	26.7
	10 针/2 cm	21.2	22.6	38.0	39.4	48.3	29.9	27.3	27.8	27.3	27.6
	11 针/2 cm	21.9	23.3	38.9	40.3	49.4	30.7	27.7	28.7	28.1	28.5
双面滚边	8 针/2 cm	17.5	18.8	33.9	35.5	39.4	26.9	24.0	24.9	24.4	24.8
	9 针/2 cm	18.9	20.2	35.6	37.0	45.8	28.0	25.3	26.0	25.4	25.9
	10 针/2 cm	20.1	21.4	36.9	38.2	37.2	29.2	26.4	26.9	26.3	26.6
	11 针/2 cm	20.9	22.1	37.7	39.1	48.0	29.9	27.2	27.8	27.1	27.4

表 A7　使用铁压脚和涤纶缝纫线缝制后的伸长率　　　　　　　　单位:%

缝型		面料编号									
		1	2	3	4	5	6	7	8	9	10
暗挽边	8 针/2 cm	25.4	26.8	41.8	43.2	52.1	28.8	26.0	26.4	25.9	26.2
	9 针/2 cm	26.2	27.9	42.6	44.1	53.0	30.0	27.3	27.8	27.3	27.7
	10 针/2 cm	26.7	28.5	43.5	44.9	53.8	30.9	28.0	28.7	28.2	28.9
	11 针/2 cm	27.6	29.1	44.7	46.1	54.9	31.6	28.8	29.6	29.1	29.7
明挽边	8 针/2 cm	24.0	25.6	40.6	42.0	50.8	28.0	25.2	25.6	24.9	25.2
	9 针/2 cm	24.8	26.3	41.2	42.9	51.8	28.9	25.8	26.6	26.1	26.6
	10 针/2 cm	25.7	27.1	42.5	43.4	52.4	29.9	27.1	27.5	27.1	27.4
	11 针/2 cm	26.4	27.8	43.2	44.6	53.3	30.7	28.0	28.8	28.3	28.7
接边	8 针/2 cm	22.9	24.4	39.4	40.8	49.7	26.7	24.0	24.8	24.1	24.5
	9 针/2 cm	23.9	25.4	40.2	41.4	50.6	27.5	24.7	25.5	25.2	25.7
	10 针/2 cm	24.6	26.1	41.1	42.5	51.4	28.7	25.9	26.5	26.0	26.6
	11 针/2 cm	25.4	27.1	42.0	43.5	52.0	29.3	26.6	27.3	26.8	27.5
单面滚边	8 针/2 cm	21.8	23.3	38.4	39.9	48.8	25.8	22.8	23.6	23.0	23.3
	9 针/2 cm	22.5	24.0	39.4	40.5	49.8	26.5	23.6	24.4	24.0	24.5
	10 针/2 cm	23.4	25.0	39.9	41.3	50.3	27.2	24.4	25.2	25.0	25.4
	11 针/2 cm	24.1	25.6	40.7	42.1	51.0	28.0	25.5	26.3	25.9	26.4
双面滚边	8 针/2 cm	20.5	22.1	37.1	38.8	47.7	24.7	21.9	22.5	21.9	22.4
	9 针/2 cm	21.7	23.1	38.6	40.0	48.8	25.6	22.7	23.3	22.8	23.3
	10 针/2 cm	22.3	23.8	39.4	40.8	49.7	26.4	24.2	24.4	23.9	24.2
	11 针/2 cm	23.4	24.8	39.9	41.2	49.8	27.2	24.3	24.9	24.6	25.2

表 A8　使用铁压脚和棉缝纫线缝制后的伸长率　　　　　　　　单位:%

缝型		面料编号									
		1	2	3	4	5	6	7	8	9	10
暗挽边	8 针/2 cm	22.7	24.2	39.2	40.5	48.8	28.4	25.6	26.2	25.6	25.9
	9 针/2 cm	23.8	24.9	40.5	41.8	50.0	29.7	27.1	27.7	27.1	27.4
	10 针/2 cm	25.2	25.9	41.6	43.0	51.8	30.4	27.5	28.2	27.9	28.5
	11 针/2 cm	26.0	27.3	42.9	44.3	53.2	31.3	28.5	29.2	28.7	29.3
明挽边	8 针/2 cm	21.1	22.6	37.8	39.2	47.8	27.6	24.9	25.4	24.8	24.9
	9 针/2 cm	22.5	23.9	39.1	40.5	49.5	28.7	25.7	26.3	25.9	26.4
	10 针/2 cm	23.5	24.9	40.1	41.7	50.6	29.5	26.7	27.1	26.7	27.1
	11 针/2 cm	24.1	25.7	40.9	42.5	51.6	30.7	27.8	28.5	28.0	28.4

续表

缝型		面料编号									
		1	2	3	4	5	6	7	8	9	10
接边	8 针/2 cm	19.8	21.2	36.3	37.8	46.7	26.3	23.7	24.5	24.0	24.4
	9 针/2 cm	21.1	22.5	37.7	39.2	48.2	27.4	24.5	25.3	24.9	25.3
	10 针/2 cm	21.9	23.4	38.6	40.1	49.0	28.4	25.6	26.2	25.6	26.2
	11 针/2 cm	22.6	24.1	39.2	40.7	49.8	29.1	26.3	27.0	26.5	26.9
单面滚边	8 针/2 cm	18.4	19.8	34.9	36.2	45.3	25.3	22.7	23.3	22.9	22.9
	9 针/2 cm	19.6	21.1	36.2	37.8	26.8	26.0	23.3	23.9	23.7	24.0
	10 针/2 cm	20.8	22.2	37.1	38.8	47.8	26.9	24.0	24.9	24.6	25.1
	11 针/2 cm	21.6	23.0	37.9	39.3	48.1	27.5	24.8	25.8	25.5	26.0
双面滚边	8 针/2 cm	17.1	18.6	33.7	35.1	44.0	24.3	21.7	22.3	21.7	22.2
	9 针/2 cm	18.4	19.8	35.2	36.6	45.5	25.2	22.5	23.1	22.5	23.1
	10 针/2 cm	19.7	21.0	36.6	37.9	46.8	26.0	23.5	24.2	23.8	24.2
	11 针/2 cm	20.6	22.0	37.0	38.7	47.6	26.9	24.1	24.8	24.2	24.8

表 A9　使用特氟隆压脚和涤纶缝纫线缝制后的断裂强力　　单位：N

缝型		面料编号									
		1	2	3	4	5	6	7	8	9	10
暗挽边	8 针/2 cm	78	82	95	98	88	69	63	61	69	71
	9 针/2 cm	95	98	110	113	103	82	77	75	85	85
	10 针/2 cm	108	112	123	126	115	91	85	83	92	92
	11 针/2 cm	115	118	129	132	121	97	92	89	98	98
明挽边	8 针/2 cm	87	91	102	105	95	77	72	70	81	81
	9 针/2 cm	102	105	118	121	111	88	82	81	91	92
	10 针/2 cm	113	116	128	131	121	95	90	88	97	97
	11 针/2 cm	121	124	134	137	127	102	98	96	105	105
接边	8 针/2 cm	123	127	139	142	132	89	84	81	90	92
	9 针/2 cm	116	121	131	134	125	98	92	90	98	99
	10 针/2 cm	125	129	140	142	133	105	99	97	105	106
	11 针/2 cm	133	137	147	150	140	111	107	105	116	116
单面滚边	8 针/2 cm	123	123	139	142	132	102	96	94	105	106
	9 针/2 cm	134	138	150	152	142	111	106	104	114	115
	10 针/2 cm	142	146	156	160	150	119	113	109	118	118
	11 针/2 cm	148	152	163	166	155	124	119	117	125	126

缝型		面料编号									
		1	2	3	4	5	6	7	8	9	10
双面滚边	8 针/2 cm	133	137	147	151	140	110	105	104	113	114
	9 针/2 cm	141	145	156	158	149	119	114	111	120	121
	10 针/2 cm	147	151	163	165	155	126	121	117	127	127
	11 针/2 cm	153	157	169	171	161	131	126	125	134	134

表 A10　使用特氟隆压脚和棉缝纫线缝制后的断裂强力　　　　单位:N

缝型		面料编号									
		1	2	3	4	5	6	7	8	9	10
暗挽边	8 针/2 cm	70	74	85	88	77	68	63	61	69	71
	9 针/2 cm	89	93	103	105	95	81	76	74	84	85
	10 针/2 cm	104	108	119	122	111	88	83	81	90	91
	11 针/2 cm	113	116	126	129	118	94	90	87	96	96
明挽边	8 针/2 cm	83	87	99	102	91	77	72	68	80	81
	9 针/2 cm	103	107	119	121	110	86	80	78	88	90
	10 针/2 cm	118	122	135	137	126	93	88	86	94	95
	11 针/2 cm	129	133	144	147	135	101	96	92	101	102
接边	8 针/2 cm	101	104	115	118	108	88	83	79	89	91
	9 针/2 cm	120	123	135	138	127	97	92	88	98	98
	10 针/2 cm	131	135	145	147	137	103	98	95	104	104
	11 针/2 cm	138	142	153	155	145	109	104	101	111	114
单面滚边	8 针/2 cm	116	120	132	135	125	101	96	94	103	104
	9 针/2 cm	128	131	143	146	135	110	105	102	111	113
	10 针/2 cm	136	140	151	154	143	116	111	107	116	117
	11 针/2 cm	143	147	158	161	150	123	118	114	123	124
双面滚边	8 针/2 cm	125	129	140	142	133	109	104	101	110	113
	9 针/2 cm	133	139	148	151	140	118	113	109	118	119
	10 针/2 cm	140	144	155	158	147	125	120	117	126	126
	11 针/2 cm	146	150	161	163	152	131	126	123	133	133

表 A11　使用铁压脚和涤纶缝纫线缝制后的断裂强力　　　　单位:N

缝型		面料编号									
		1	2	3	4	5	6	7	8	9	10
暗挽边	8 针/2 cm	77	81	93	96	85	60	55	51	60	62
	9 针/2 cm	94	98	109	112	101	73	67	65	75	75
	10 针/2 cm	107	111	122	124	114	83	77	73	83	82
	11 针/2 cm	114	118	129	131	120	89	85	81	91	91
明挽边	8 针/2 cm	86	89	100	103	92	71	66	63	73	74
	9 针/2 cm	101	105	115	117	107	83	78	74	84	85
	10 针/2 cm	111	115	126	129	119	91	87	85	93	92
	11 针/2 cm	119	123	134	137	127	97	92	89	98	100
接边	8 针/2 cm	103	107	118	120	111	83	78	75	85	86
	9 针/2 cm	115	119	130	132	122	92	87	84	94	94
	10 针/2 cm	123	127	138	141	131	101	96	93	103	103
	11 针/2 cm	133	137	147	149	139	108	102	99	108	108
单面滚边	8 针/2 cm	123	126	138	141	131	96	91	88	98	98
	9 针/2 cm	133	137	148	150	140	108	103	100	110	110
	10 针/2 cm	141	145	156	159	148	116	111	108	117	117
	11 针/2 cm	147	151	162	164	155	122	117	113	122	124
双面滚边	8 针/2 cm	132	136	148	151	140	105	100	96	105	107
	9 针/2 cm	140	144	155	158	147	115	111	107	116	116
	10 针/2 cm	144	148	159	162	153	123	117	114	124	125
	11 针/2 cm	152	156	166	168	160	129	124	121	128	130

表 A12　使用铁压脚和棉缝纫线缝制后的断裂强力　　　　单位:N

缝型		面料编号									
		1	2	3	4	5	6	7	8	9	10
暗挽边	8 针/2 cm	70	73	84	87	76	58	53	50	60	61
	9 针/2 cm	88	92	102	105	95	71	67	63	74	74
	10 针/2 cm	103	106	117	120	111	81	76	73	82	82
	11 针/2 cm	112	116	126	129	118	89	84	81	90	91
明挽边	8 针/2 cm	82	86	97	100	90	71	66	62	71	73
	9 针/2 cm	103	107	118	121	110	81	77	74	83	85
	10 针/2 cm	117	121	131	133	123	91	86	83	92	92
	11 针/2 cm	128	132	143	145	135	96	91	89	98	99

缝型		面料编号									
		1	2	3	4	5	6	7	8	9	10
接边	8 针/2 cm	100	104	115	118	107	81	76	73	83	86
	9 针/2 cm	119	122	133	136	125	91	86	83	92	92
	10 针/2 cm	129	133	144	147	137	101	96	92	102	102
	11 针/2 cm	137	141	151	153	143	106	101	98	108	108
单面滚边	8 针/2 cm	115	119	130	133	123	95	89	87	97	97
	9 针/2 cm	127	131	142	144	134	106	101	98	105	107
	10 针/2 cm	135	139	150	152	142	114	109	107	116	117
	11 针/2 cm	142	146	157	160	149	121	116	113	122	123
双面滚边	8 针/2 cm	125	129	139	142	132	103	98	95	105	107
	9 针/2 cm	133	137	148	150	139	115	110	107	115	116
	10 针/2 cm	139	143	153	155	145	122	117	114	123	125
	11 针/2 cm	145	149	160	163	152	126	121	118	128	129

第二节　丝绸面料的性能对成衣缝口的影响

随着服装工业的快速发展、服装潮流的瞬息万变,人们对服装的需求已不再局限于它的实用性能,而对它的美观和穿着的舒适性提出了更高的要求。实现同一个加工目的,不同的工艺条件,可以选择不同的裁片排列形态和针刺面料的位置与条数,形成风格各异的缝口外观和不同的缝口强度。缝口外观是服装整体造型和款式风格的重要组成部分,缝口强度直接决定着服装的服用性。因此,探讨不同缝纫方法与各项缝纫参数下的缝口适用性,是服装工艺重要的课题之一。

真丝面料以良好的服用性能越来越受到大众的喜爱,其手感柔软细腻,线条柔顺活泼,兼具庄重与活泼的效果,色泽明亮而柔和,在生产中的使用越来越广。但在丝绸面料的缝制过程中,更容易出现断裂、纰裂等一系列问题,严重影响服装的美观与服用性能。目前在服装缝口适用性的研究中,提出了很多提高缝口强度等相关因素,在服装缝制加工过程中,缝线、线迹、线迹密度等参数对缝纫外观及性能的影响很大。但是面料的品种以及性能、服装结构、缝迹位置与特性等也起着至关重要的作用。丝织物缝制过程中必须严格控制其工艺参数。本节通过试验的方法,获取真丝服装缝制过程中与面料匹配的各项工艺参数,来解决真丝面料服装实际生产过程中的技术问题,以提高真丝服装的品质。

一、丝绸面料的性能测试

1. 试验材料

(1) 面料试样制备

选取常见的薄厚不同的两种真丝面料,裁剪成 33 cm×6 cm 的试样若干块,考虑到服装中大部分缝迹方向为经丝方向,因此试验长度方向为纬向,宽度方向即缝合方向为经向(见表 5.2.1)。

表 5.2.1　面料样品参数表

试样名称	组织	经密(根/cm)	纬密(根/cm)	面密度(g/m²)	厚度(mm)
织物一	平纹	300	333	75.45	0.232
织物二	平纹	694	416	50.8	0.146

(2) 缝纫参数

选用 9♯ 平缝机针,针迹密度选取 5 个水平:12,13,14,15,16 针/3 cm;缝纫线细度选取两个常见水平:402(粗),602(细)。

2. 试验条件

温度(23±1)℃,相对湿度(75±1)%;应用仪器与设备有 Y026 织物强力仪、YG1410 型数字式织物测厚仪、Y511A 型织物经纬密度镜、TL－02 型链条天平、GC15－1 平缝机。同种缝型结构缝迹密度不同时,缝线预加张力不变。

3. 织物缝纫缩率测试

缝口皱缩即车缝或洗烫后缝口产生的变形现象,这种现象不仅对服装的外观质量影响很大,同时也影响到缝纫加工效率。根据面料的性能来设计缝纫参数,是解决缝口皱缩问题较为实际的方法。

不同面料由于物理性能差异较大,其缝纫加工性能也各不相同。结构紧密轻薄的丝织物在刚柔性和剪切变形性方面与其他缝料有明显的差异,缝纫加工中很容易出现缩皱和变形,这种现象不仅会影响服装等最终产品的外观质量,同时也影响到缝纫加工的效率,面料性能不同,缩皱的程度也不同。缝缩试验选用两种薄厚不同的丝绸面料,测量单位长度内面料的缝缩率,采用平缝、压绉缝、内包缝、垫布缝四种缝纫形式,602、402 两种粗细不同的缝纫线,线迹密度 12、13、14、15、16 针/3 cm,控制缝耗在 1 cm。

试验采用测量计算法。测量计算是一种定量的测量方法,测量面料在缝口方向上的变形,测量其物理量的变化,即缝口的长度变化,并把缝口长度的变化量作为缝口缩皱大小的标志,选取面料试样进行单因素下 5 次以上的测试试验。利用公式计算其缝纫缩率并求出平均值(见表 5.2.2)。

$$SP=[(L-L')/L]\times100\% \qquad\qquad 式 5.2.1$$

其中:SP 为缝口缩率(%);L 为缝合前缝口长度;L'为缝合后缝口长度。

表 5.2.2　缝纫缩率与缝纫形式相关数据

平缝线迹					
线迹密度(针/3 cm)	12	13	14	15	16
缝纫线 602					
织物一缝口缩率(%)	2.12	2.82	3.72	4	4.4
织物二缝口缩率(%)	2.28	3.08	3.84	4.34	4.8
缝纫线 402					
织物一缝口缩率(%)	2.6	3.2	4.0	4.8	5.2
织物二缝口缩率(%)	4.2	4.8	5.0	5.4	5.6
压缉缝线迹					
线迹密度(针/3 cm)	12	13	14	15	16
(缝纫线 602)					
织物一缝口缩率(%)	2	2.1	2.28	2.42	2.7
织物二缝口缩率(%)	2.2	2.4	2.6	3.12	3.32
(缝纫线 402)					
织物一缝口缩率(%)	2.4	2.6	2.8	3.2	3.4
织物二缝口缩率(%)	3.08	3.2	3.4	3.8	4
内包缝线迹					
线迹密度(针/3 cm)	12	13	14	15	16
(缝纫线 602)					
织物一缝口缩率(%)	1.92	2.28	2.4	2.68	3.0
织物二缝口缩率(%)	2.16	2.4	2.72	2.88	3.08
(缝纫线 402)					
织物一缝口缩率(%)	2.36	2.6	2.88	3	3.2
织物二缝口缩率(%)	2.8	3	3.2	3.32	3.6
垫布缝线迹					
线迹密度(针/3 cm)	12	13	14	15	16
(缝纫线 602)					
织物一缝口缩率(%)	1.8	2	2.16	2.28	2.4
织物二缝口缩率(%)	2.08	2.28	2.6	3.0	3.4
(缝纫线 402)					
织物一缝口缩率(%)	2.32	2.36	2.6	2.72	3
织物二缝口缩率(%)	2.4	2.6	2.88	3.18	3.6

4. 织物断裂强力与断裂伸长率测试

服装的缝纫质量主要体现在缝口的外观和缝纫牢度两个方面。而缝口牢度主要用缝口强度和缝迹延伸度这两个指标来衡量,即织物的断裂强力与断裂伸长率。丝织物由于其特殊的性能和良好的服用性作为缝料在很大程度上受到缝迹特性的影响,其缝迹结构又与线迹密度及缝线特性有关,通常认为随着线迹密度、缝纫线细度的增大,缝迹的强力、断裂伸长率会增大,但试验发现在真丝面料的缝制过程中,不同线迹密度、不同缝纫线细度对不同缝迹的影响规律是不同的。

取上述两种面料试样进行测试,将试样摊平,在试验条件下静置 24 h;在织物强力仪上沿缝迹方向测得不同缝迹结构、不同缝迹密度、不同缝纫线细度下断裂强力和断裂伸长率各 5 次,求出平均值(表 5.2.3、表 5.2.4)。

表 5.2.3　断裂强力与各缝纫形式相关数据

平缝线迹					
线迹密度(针/3 cm)	12	13	14	15	16
缝纫线 602					
织物一断裂强力(N)	121.2	141.2	161.2	156	151
织物二断裂强力(N)	78.6	71	64	60	56.3
缝纫线 402					
织物一断裂强力(N)	194.8	218.4	242.4	231.1	220
织物二断裂强力(N)	98.7	92.2	86.9	82	77.1
压缉缝线迹					
线迹密度针/3 cm	12	13	14	15	16
(缝纫线 602)					
织物一断裂强力(N)	101	120.2	141.4	134	126.3
织物二断裂强力(N)	73.7	68.4	63.3	59	53.6
(缝纫线 402)					
织物一断裂强力(N)	186.1	210	232	217	205
织物二断裂强力(N)	87.5	83.2	69.9	64.4	58.2
内包缝线迹					
线迹密度(针/3 cm)	12	13	14	15	16
(缝纫线 602)					
织物一断裂强力(N)	138.6	152	178.1	173.8	170.1
织物二断裂强力(N)	140	133.8	128.4	122	116
(缝纫线 402)					
织物一断裂强力(N)	225.6	242	263.6	257	246.7
织物二断裂强力(N)	162	158	150	143	138.2
垫布缝线迹					
线迹密度(针/3 cm)	12	13	14	15	16
(缝纫线 602)					
织物一断裂强力(N)	124.6	148.4	166.3	162.2	158.2
织物二断裂强力(N)	94	94	91.8	88.3	84.3
(缝纫线 402)					
织物一断裂强力(N)	212.2	238	253.4	249	246.5
织物二断裂强力(N)	105.2	100	96	92.2	88.4

表 5.2.4　断裂伸长率与各缝纫形式相关数据

平缝线迹				
线迹密度(针/3 cm)	12	13	14	15	16
缝纫线 602				
织物一断裂伸长率(%)	12.4	13.8	15	14.8	14.5
织物二断裂伸长率(%)	14.3	13.8	13.2	12.4	11.5
缝纫线 402				
织物一断裂伸长率(%)	32.6	33.9	34.9	34	33.6
织物二断裂伸长率(%)	19.2	18.2	16.8	15.4	14
压缉缝线迹				
线迹密度(针/3 cm)	12	13	14	15	16
(缝纫线 602)				
织物一断裂伸长率(%)	10.8	11.9	12.6	12.1	11.8
织物二断裂伸长率(%)	14	13.2	12.6	11.7	11
(缝纫线 402)				
织物一断裂伸长率(%)	26.2	28	29.2	28.4	27.8
织物二断裂伸长率(%)	14.6	14.2	13.4	12.6	11.8
内包缝线迹				
线迹密度(针/3 cm)	12	13	14	15	16
(缝纫线 602)				
织物一断裂伸长率(%)	15.1	16.5	18.418	17.5	
织物二断裂伸长率(%)	23.1	21.8	20.4	18.6	18.5
(缝纫线 402)				
织物一断裂伸长率(%)	36.6	36.9	37.3	36.8	36.4
织物二断裂伸长率(%)	24.8	23.2	21.6	19.8	19.6
垫布缝线迹				
线迹密度(针/3 cm)	12	13	14	15	16
(缝纫线 602)				
织物一断裂伸长率(%)	12.5	14	15.9	15.4	15
织物二断裂伸长率(%)	17.6	17	16.7	16.2	15.8
(缝纫线 402)				
织物一断裂伸长率(%)	34	34.9	35.5	35	34.7
织物二断裂伸长率(%)	19.5	18.6	17.6	16.8	16.4

二、丝绸面料的性能测试结果对缝纫形式的影响

（一）缝口缩率与各缝纫形式相关性考察

1. 面料缝口缩率与缝纫形式相关性分析

试验数据显示,线迹密度与缝缩率呈现出正比的关系。四种缝型均显示出这种特性,并随缝纫线细度的增加而增加。

（1）同种缝纫形式下,线迹密度增大,缝缩率增大。线迹密度增加,使得针刺面料的次数增多,造成纱线起拱加大,从而产生皱缩。如图 5.2.1 所示,在本试验范围内,线迹密度由 1 水平过渡到 5 水平,缝缩率分别为 2.12％、2.82％、3.72％、4％、4.4％。

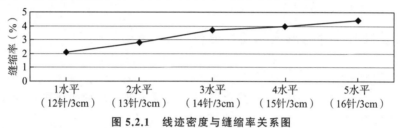

图 5.2.1　线迹密度与缝缩率关系图

（2）同种线迹密度下,缝纫线细度越大,缝缩率也随之增大。因为随着缝纫线细度的增加,单位面积内穿刺面料的机会也随之增加,从而使得面料的屈曲程度加大,即缝缩率增大。

（3）同种线迹密度,同种缝纫线细度下,四种缝纫形式的缝缩率依次为 2.12％、2％、1.92％、1.8％,其中,平缝最大,压缉缝、内包缝次之,垫布缝最小(见图 5.2.2)。

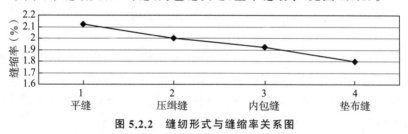

图 5.2.2　缝纫形式与缝缩率关系图

缝型是指一定数量的面线和线迹在缝制过程中的配置形式,缝型的结构形态对于服装的缝口缩率有显著的影响。垫布缝形式由于增加了织物的厚度,减小了缝线压力对缝制织物的作用,也因此减少了织物的缝缩。内包缝和压缉缝同样具有此类特点,但是由于同垫布缝相比,内包缝和压缉缝的线缝条数有所增加,因此其缝缩率也有所增加。所测试的 2 种不同的织物面料,均表现出这种特点。

2. 不同面料缝口缩率与缝纫形式比较分析

组织结构对缝纫起皱有影响,可以说面料的物理性能是影响织物缝缩的主要因素。

薄型丝织物中面料的缝纫外观等级随着缝迹处面料厚度的增加有所改善。总体来说,面料缝纫后皱缩的程度会随着厚度增加而明显减轻。轻薄织物缝合后,皱缩问题比较突出,而较

厚面料在缝合后则表现出比较轻微的缩皱现象。这是由于轻薄的织物抵抗缝线张力作用的能力较小,缝合时更容易受到缝线的作用力而起拱。

　　试验中,轻薄织物的经纬密度较大。在一定范围内,随着织物经纬密度加大,皱缩现象会越来越严重。原因是,在经纬密度高的织物缝合时,纱线与缝纫机接触的机会加大,两者之间的作用力造成织物起皱,最终在线迹周围形成皱缩。经纬密度小的织物在缝纫时,纱线容易躲让机针而降低机针对面料的作用可能性,使面料受到的力大大减少,最终表现为缝缩现象的减轻。

　　综上所述,织物的厚度、线迹密度及缝纫线细度等都会影响织物缝缩现象的轻重。增加织物厚度和降低织物线迹密度及缝纫线细度等措施,对减轻织物缝缩现象都有明显的效果。由此,为保证服装的外观质量,必须针对具体情况严格控制缝纫缩皱现象的产生。尤其对轻薄丝织物缝制必须严格控制其工艺参数。必要时可以衬垫其他材料一起缝制,以减小缝线压力对缝制织物的作用,减少织物的缝缩。

(二) 断裂强力与缝纫形式相关性分析

1. 缝纫形式与缝口强度相关性分析

断裂强力由大到小排序为内包缝、垫布缝、平缝、压绲缝。同种线迹密度与缝纫线细度条件下,断裂强力分别为 138.6N、124.6N、121.2N、101N,如图 5.2.3 所示。

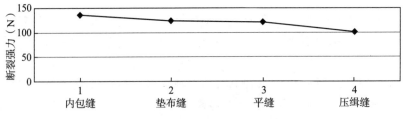

图 5.2.3　缝纫形式与断裂强力关系图

　　包缝由于缝口不仅有两道缝线,而且缝头的交叉折叠使缝口处纱线间的摩擦阻力增加,降低了纰裂的可能性,因此使缝口处有较大的强度。垫布缝由于穿刺面料处增加了面料的厚度,因此也相应增加了其缝口的强度。平缝线迹和压绲缝则不具有这些特点,压绲缝由于其缝分较小,其强力也较小。

　　实现同一个加工目的,可以选择不同的缝纫形式和针刺面料的位置与条数,两者的不同组合,形成了风格各异的缝口外观和不同的缝口强度。缝口外观是服装整体造型和款式风格的重要组成部分,缝口强度直接决定着服装的服用性。

　　上衣的肩缝、袖窿缝及裤子的后裆缝都是受拉力及摩擦力较大的部位,若采用简单的合缝缝型,这些部位会因为受到较大拉力或缝合部位面料变形过大而发生断裂。因此,为满足缝口强度要求,这些部位应采取较大强力的缝型。如在合肩缝时加肩条、合袖窿时滚边、合后裆缝时绲双线等,均可有效地提高其缝口强度。

　　另外,采用内包缝、外包缝等缝型代替简单的平缝,也可增加缝口处面料的抵抗能力,以有效地防止缝边面料的纱线滑脱。在实际生产中,应该针对不同的缝合部位,采用与缝口相适应的缝型。

2. 线迹密度与织物断裂强力相关性分析

随着线迹密度的增大,织物一的断裂强力显示出先增大后减小的特性。随着线迹密度的增大,即由 1 水平过渡到 3 水平,接缝断裂强力分别为 121.2N、141.2N、161.2N,而 4 水平到 5 水平时,接缝断裂强力为 156N、151N,如图 5.2.4 所示。

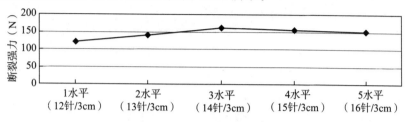

图 5.2.4　线迹密度与断裂强力关系图

这与一般缝迹理论中的线迹密度增大,缝迹断裂强度增大并不一致。这是因为缝迹做在缝料上以后,缝迹的断裂强力实际上是缝迹与缝料结合体的破坏强力。在一定线迹密度范围内,在缝线预加张力不变的情况下,随着缝迹密度的增大,缝制过程中缝线张力及张力波动将会增大,导致缝料上缝迹中个别部位的缝线张力过大而在拉伸时产生提前断裂,造成缝迹断裂强力下降。

此外,随着缝纫密度的继续增大,单位长度的缝料上缝针穿刺缝料的次数继续增多,缝针穿刺时就会损伤缝料,使缝料强力下降,从而引起断裂强力下降。

3. 缝纫线细度与织物断裂强力相关性分析

在各种缝口破坏形式共存的情况下,缝纫线细度对接缝强力有显著影响。随着缝纫线细度变细,断裂强力减小,在各种缝口破坏形式共存的情况下,尤其是缝纫线断裂型的情况下,缝纫线的性能起着至关重要的作用,随着缝纫线细度的变细,缝纫线的强力减小,因此试样的接缝强力也减小。

(三) 断裂伸长率与各缝纫形式相关性分析

1. 缝纫形式与缝口断裂伸长率相关性分析

由于包缝缝口有两道缝线,增加了缝线量,且缝头的交叉折叠增加了缝口处纱线间的摩擦阻力,使缝口处有较大的强度,织物受到的拉伸量也必将增加。垫布缝由于增加了面料的厚度,在增加其缝口强度的同时也加大了面料拉伸变形量。而平缝线迹和压缉缝则由于压缉缝其缝分较小,受拉伸量也减小,因此断裂伸长率最小。断裂伸长率由大到小排序为内包缝、垫布缝、平缝、压缉缝。如图 5.2.5 所示,断裂伸长率分别为 15.1%、12.5%、12.4%、10.8%。

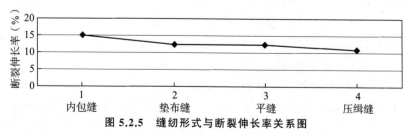

图 5.2.5　缝纫形式与断裂伸长率关系图

2. 线迹密度与织物断裂伸长率相关性分析

随着线迹密度的增大,缝口的断裂伸长率先增大后减小。如图 5.2.6 所示,线迹密度在由 1 水平过渡到 3 水平时,接缝断裂伸长率分别为 12.4%、13.8%、15%,而 4 水平到 5 水平时,接缝断裂伸长率为 14.8%、14.5%。

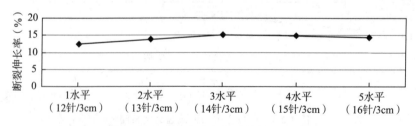

图 5.2.6　线迹密度与断裂伸长率关系图

缝制过程中,送料器对缝料有一定的拉伸作用,即线迹是在缝料受到一定拉伸的情况下形成的。缝料的收缩使织物做缝处缝线放松,从而形成了拉伸储备量。这样,缝制物下机以后将产生收缩。线迹密度越大,拉伸的频率就越高,收缩量也就越大。

另外,随着线迹密度的增加,缝迹的用线量增加,拉伸亦将增加。但当线迹密度增加到一定程度时,缝线屈曲程度加大,针尖穿刺面料的机率增大,使得织物本身强度降低。

此外,随着线迹密度增加到一定程度时,在缝线预加张力不变的情况下,缝迹中缝线的张力波动将逐渐增加,从而导致缝迹在受到拉伸时,张力最大处的纱线首先断裂,使缝迹断裂伸长率降低,故使得缝迹断裂伸长率稍有下降。

3. 缝纫线细度与织物断裂伸长率相关性分析

随着缝纫线细度变细,缝口的断裂伸长率减小,在各种缝口破坏形式共存的情况下,尤其是缝纫线先断裂的情况下,缝纫线的性能起着至关重要的作用。随着缝纫线细度变细,用线量减小,缝纫线的强力也减小,因此缝迹的延伸性将变小,即断裂伸长率变小。

(四) 缝口破坏形式与面料相关性分析

由于缝口的组成情况不同,缝口的破坏形式也有所不同。一种是缝纫线破损型。这种形式的缝口破坏发生在构成缝口的面料具有较高强度的场合。由于面料的强度较高,而缝纫线的强度较小,因此缝口受到拉力作用时,首先被拉断的是缝纫线,或者说,缝口的破坏是由缝纫线的断裂所造成的。这种缝口破坏也叫作缝纫线断裂型。织物一的破损形式即为缝纫线破损型。

试验所选择的织物二较轻薄,结构较密,强度较小,其缝口的断裂形式为面料破损型。这种形式的缝口破坏发生在用高强度的缝纫线缝合强度比较低的面料场合,当缝口受到拉力时,缝纫线一般不会被拉断,而是缝口附近的面料被拉破,缝口遭到破坏。其实际过程是,当缝口受到拉力作用,面料被拉破之前,首先平行于缝口的丝线发生位移,或者叫作丝线的滑脱。这时缝口附近出现许多裂口,会严重影响到服装的外观。

缝纫线细度对其的影响不是很大,主要影响因素为线迹密度,随着线迹密度增加,断裂强力反而减小。线迹密度在 1 水平、2 水平、3 水平、4 水平及 5 水平下的平均断裂强力分别为

78.6N、71N、64N、60N、56.3N,如图 5.2.7 所示。

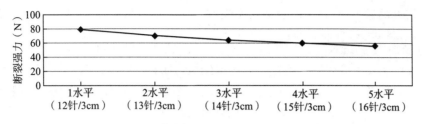

图 5.2.7　薄型面料线迹密度与断裂强力关系图

这是因为在面料破损型的情况下,线迹密度增加,面料受缝针针刺的损伤增加,反而使面料的强度降低,从而使缝口强力变小。因此在面料破损型的情况下,缝迹密度不宜过大。

(五) 缝口工艺形式与参数组合

服装缝制加工时,缝线、线迹、线迹密度等参数是根据面料品种、面料性能、服装结构、线缝位置和外观设计要求等因素而确定的。因此,为了改善缝纫外观及缝口性能,选择最佳缝制参数至关重要。针对真丝面料,必须严格控制其缝制工艺参数。

① 以制作一件真丝衬衫为例,在选择较厚面料(织物一)情况下,确定侧缝工艺形式与参数时,结合试验研究结果,该条件下的最佳工艺条件与参数为缝纫线 402、线迹密度 12 针/3 cm。这是因为侧缝部位受拉力不是很大,不易发生断裂等系列问题。但由于平缝线迹特点是缝合后易产生皱缩,所以在缝制过程中,应侧重缝合部位的缝缩情况,把缝缩率降到最低,同时保证一定的断裂强力和断裂伸长率,应选择较细的缝纫线与适合的线迹密度。

压绪缝常应用在装袖衩、贴带、缉明线等工艺中,这类缝迹主要为表现服装的平整度及美观性,因此也应尽量减少其缝缩率。最佳参数为缝纫线细度 602 线迹密度 12 针/3 cm。

在缝合肩缝、袖窿缝等部位时,最佳参数是缝纫线 402、线迹密度 14 针/3 cm。这是由于这些部位受到的拉力、摩擦力都很大,易发生断裂等一系列问题,所以缝制时应该选择断裂强力较大的包缝缝迹,保证足够的断裂强力,从而增加这些部位的缝口性能,提高服装的使用寿命。

垫布缝在制作袋口、门襟等部位时应用较多。这类部位在制作工艺中常黏衬或加嵌条,以保证其平整度,阻止该部位变形。而真丝面料的服装大多轻薄飘逸,因此为防止缝制部位的皱缩,易采用垫布缝缝迹。选择最佳工艺参数为缝纫线 402、线迹密度 12 针/3 cm。

② 选择较为轻薄的织物(织物二),由于织物自身强度较小、密度大等特性,在缝制过程中对其工艺参数要求应更加严格。因此,此类织物为面料破损型织物,若使用高强度的缝纫线,面料反而容易拉破,使面料缝口遭到破坏。

由于缝纫线细度与线迹密度对织物的断裂强力、断裂伸长率影响显著,所以对于此类薄型面料,缝迹密度不易过大。因此,在保证服装断裂强力、断裂伸长率的条件下,为防止缝口缝缩率的增大,应选择平缝线迹的最佳组合参数为缝纫线 602、线迹密度 12 针/3 cm。

此类面料在选取压绪缝缝迹时,由于面料较薄,更容易引起皱缩,所以应尽量减少其缝缩率,此时最佳工艺参数为缝纫线 602、线迹密度 12 针/3 cm。断裂强力较大的包缝缝迹的最佳参数为缝纫线 402、线迹密度 14 针/3 cm 。

三、本节小结

① 服装缝制加工时,缝线、线迹、线迹密度等参数是根据面料品种、面料性能、服装结构、线缝位置和外观设计要求等因素而确定的。薄型丝织物面料的缝纫外观等级随着面料厚度增加而有所改善。同种缝纫形式下,线迹密度越大,缝缩率越大。同种线迹密度下,缝纫线细度越大,缝缩率也随之增大。在四种缝纫形式中,垫布缝的缝纫缩率最小,内包缝、压绢缝次之,平缝最大。对轻薄丝织物,必须严格控制其缝制工艺参数,必要时可以衬垫其他材料一起缝制,以减小缝线压力对织物的作用,从而减少织物的缝缩。

② 四种缝纫形式中,断裂强力及断裂伸长率大小依次为内包缝缝迹、垫布缝缝迹、平缝缝迹、压绢缝。在缝纫线 402、线迹密度 14 针/3 cm 时,织物断裂强力最大。

③ 线迹密度对线迹强度的影响。随着线迹密度的增大,织物的断裂强力及断裂伸长率先增大后减小。线缝强度并不是越高越好,应该与服装面料的强度相匹配。过大的线迹密度反而会造成线缝强度下降。相对较为轻薄织物,结构较密的,面料本身强度较小,其缝口的断裂形式为面料破损型,在增加线迹密度时,断裂强力及断裂伸长率均下降。

④ 在各种缝口破坏形式共存的情况下,随着缝纫线细度变细,断裂强力及断裂伸长率均减小。丝织物缝制过程中必须严格控制其工艺参数,改善织物的缝口特性。选择相匹配的各项参数,可解决真丝面料实际生产过程中存在的问题,提高真丝服装的服用性能。

第三节　正交试验在服装缝纫工艺参数设计中的应用

一、正交试验概述

服装在穿着和洗涤过程中,缝口会受到各种拉力,而缝口能承受的最大拉力即为缝口的强度。当缝口所受的拉力超过缝口强度时,缝口将遭到破坏,直接影响服装的外观和使用寿命。

正交试验设计是数理统计中一个较大的分支,是利用正交表进行科学安排与分析多因素试验的方法。其主要优点是能在很多试验方案中挑选出代表性强的少数几个试验方案,并且,通过这少数试验方案的试验结果的分析推选出最优方案。本试验方法能减少试验盲目性,通过最少的试验次数获得最理想的分析结果。要进行正交试验,首先,要选定试验中需要考察的结果作为指标,把对试验结果可能产生影响的因素作为因子,这些因素的不同条件作为水平。其次,根据因子及水平的个数选定正交表,尽量使试验次数减少,再根据正交表的不同组合进行试验。最后,对试验结果进行指标或方差的分析,推断出最佳的组合条件。

目前,正交试验的科学研究方法已广泛应用于诸多领域,作为一种科学的试验方法,它以投资少、见效快、易操作的特点而为人们所关注。但是,它在服装行业的成衣生产质量控制领域中的应用还极为少见。另外,缝口强度不达标是成衣缝制中经常出现的问题,它对成衣质量和价格影响都至关重要。经调查显示,每十家服装企业中,仅有一家或者两家企业在成衣产品投产前对影响其缝口强度的工艺参数进行合理的设定,其他企业当客户有特殊要求时,才会稍做变动,否则,均采取事后把关的做法。而因为投产前没有对工艺参数进行科学合理的设定,可能使形成批量的成衣缝口强度不达标,导致企业受损严重。笔者利用正交试验的方法,寻求影响成衣缝口强度的各因素诸水平的最佳条件组合,以利于投产前设定好达标的工艺参数,减少企业成衣质量的风险,提高企业的品牌效应,为企业赢得更大的利润,对成衣生产质量控制有一定指导意义。

本文对缝线、线迹密度、线迹、针尖形状四项缝纫参数进行 4 因素 3 水平的[$L_9(3^4)$]正交试验,找出最佳组合条件,从而为优选与针对性的控制缝纫条件提供科学依据。

二、用正交试验法进行缝口强度测试

1. 样品性能

机织弹力面料,织物规格性能见表 5.3.1。

表 5.3.1 织物规格性能表

纱线线密度(tex)	经纬密度(根/cm)		厚度(mm)	面密度(g/m²)	织物组织	强力(N)
	经密	纬密				
经纬:18.2 涤黏+4.4 氨纶	53.00	37.20	0.56	260.08	$\frac{2}{1}$ ↖	379

2. 试验设备与仪器

试验使用缝纫机为 GC6610M 标准牌工业平缝机,机针针号为 14 号,送布牙高度为 0.7mm,压脚压力设定为标准。采用 YG(B)026D 型电子织物强力机进行测试。

3. 缝口强度的正交试验设计

本次试验选取影响缝口强度较大的 4 个因素,并取成衣生产中最常用的 3 个工艺条件为其水平(表 5.3.2),其他不为本文讨论。

① 缝迹 A:双线链式线迹 A_1,直线形锁式线迹 A_2,曲线形锁式线迹 A_3。

② 缝线 B:棉线 B_1,涤棉线 B_2,涤纶线 B_3。

③ 线迹密度(针数/3 cm)C:9 针/3 cm C_1,12 针/3 cm C_2,14 针/3 cm C_3。

④ 针尖形状 D:J 形 D_1,S 形 D_2,U 形 D_3。

表 5.3.2 缝口强度 4 因素 3 水平正交试验表

序号	试验		组合	方案	平均值
1	A_1	B_1	C_1	D_1	f_1
2	A_1	B_2	C_2	D_2	f_2
3	A_1	B_3	C_3	D_3	f_3
4	A_2	B_2	C_3	D_1	f_4
5	A_2	B_3	C_1	D_2	f_5
6	A_2	B_1	C_2	D_3	f_6

续表

序号	试验		组合	方案	平均值
7	A_3	B_3	C_2	D_1	f_7
8	A_3	B_1	C_3	D_2	f_8
9	A_3	B_2	C_1	D_3	f_9

4.样品制备

（1）裁制试样

按选定方案进行试验，每组试验做 30 个样本，共制作 270 个试样。试样统一裁制为长 17.5 cm、宽 5 cm 。裁制试样总计 540 块，尺寸见图 5.3.1。

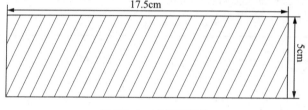

图 5.3.1　试样的裁制

（2）缝制试样

将裁好的 540 块面料分别按正交试验方案组合进行缝制，制作出 270 个样本，缝制样品见图 5.3.2。

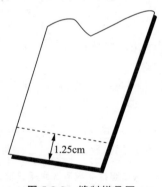

图 5.3.2　缝制样品图

（3）检查试样

对试样进行检查，检查是否有已发生坏损的试样，如果有要立即进行样本补做。

（4）试验并记录数据

利用 YG(B)026D 型电子织物强力机对完好的 270 个样进行缝口强度的测试，并记录试验数据。

三、缝口强度的评价标准

正交试验是解决多因素影响条件下质量设计的一种科学对比方法,能在多种试验条件中选出代表性强的少数试验条件,并结合指标进行分析,推断出最好的组合条件。正交试验设计主要应用数学中的"均衡分散,整齐可比"的正交性原理,合理地安排有关的试验方案。通过方案的实施,从多方面观察、研究各因素在不同水平交互作用下对产品质量的影响程度,并确定试验中的某种方案或因素的某种组合为最佳的设计方案。在成衣生产过程中,只要确定了生产使用的面料,并针对面料对投产前的工艺参数进行合理的设置,就可使成衣缝口强度大大提高,延长服装的使用寿命。

1. 缝口强度的评价标准

所谓缝口强度是指缝口的牢固程度,即缝口能承受的最大拉力。除特殊规定外,缝口强度一般是指能够承受的垂直于缝口的作用力。缝口强度的测定与评价采用测量计算法。测量计算是一种定量的测定方法,多用于缝制质量的分析与技术管理。其中,最简单的物理量是断裂强度平均值,把这个平均值作为缝口强度的标志,可以得出同种面料 9 组不同缝口强度值,通过正交试验方法对这些数值进行整理计算,可以得出极值和极差值,其中极值的最大值就是影响服装缝口强度的最重要因素。而极差值的大小标志着该项指标对缝口强度影响的大小,极差值越大,说明该因素对缝口强度的影响越大,反之越小。通过 4 个最大值可以找出 4 个因素的组合,即为本试验所求的最佳组合。

2. 影响成衣缝口强度的因素分析

（1）线迹

线迹的结构形态对于服装的缝口质量(外观和强度)具有决定性的意义。因此,应针对不同的缝合部位采用与缝口强度相适应的线迹。本文重在解决服装厂的现实问题,所以选用了成衣缝制过程中常用的线迹(双线链式线迹 102、直线形锁式线迹 301、曲线形锁式线迹 304)加以比较。

（2）线迹密度

线迹密度与缝口强度有密切关系。改变线迹密度的大小,会影响缝口强度的大小,这在生产中有较大的实际意义。本文选用了较为常用的三种线迹密度(9 针/3 cm、12 针/cm、14 针/3 cm)进行试验。

（3）缝线强力

缝线强力直接影响服装缝口强度。因此,选择合适的缝线也是提高缝口强度的有效措施。本文选用的是 30.9tex 的棉线、涤棉线、涤纶线三种不同的缝线进行试验。

（4）针尖形状

针尖的形状分为多种,如 S 形、J 形、B 形、U 形等。造成缝口针洞的主要原因是缝针刺断面料中的纱线,导致面料缝口处首先发生纱线滑脱,出现裂口,以至于最后缝口被拉断。所以,针对不同的面料选择合适的针尖形状,可以改善服装缝口强度。本文中针对所选面料性能采用 S 形、J 形和 U 形针尖进行试验。

四、测试结果分析

由于缝口的断裂强度很大,试验所得数据的小数点后的值不足以影响试验结果,为方便数据的计算,只取整数部分。

1. 试验数据的计算

(1) 缝口强度平均值的计算(表 5.3.3)

表 5.3.3　缝口强度平均值

序号	试验		组合	方案	平均值
1	A_1	B_1	C_1	D_1	180
2	A_1	B_2	C_2	D_2	215
3	A_1	B_3	C_3	D_3	230
4	A_2	B_2	C_3	D_1	195
5	A_2	B_3	C_1	D_2	166
6	A_2	B_1	C_2	D_3	174
7	A_3	B_3	C_2	D_1	210
8	A_3	B_1	C_3	D_2	187
9	A_3	B_2	C_1	D_3	190

(2) 相同因子同水平求和(K)及平均(k)的计算

K 值代表相同因子同种水平所得平均值的总和,该值可以反映出该因子对成衣缝口强度的影响程度。k 值代表相同因子同种水平的平均值,该值可以反映出该因子该水平下大小缝口强度。K 及 k 值的计算见表 5.3.4。

表 5.3.4　K 及 k 值计算结果

序号	K	k
1	$K_1 = f_1 + f_2 + f_3 = 625$	$k_1 = K_1/3 = 625/3 = 208$
2	$K_2 = f_4 + f_5 + f_6 = 535$	$k_2 = K_2/3 = 535/3 = 178$
3	$K_3 = f_7 + f_8 + f_9 = 587$	$k_3 = K_3/3 = 587/3 = 195$
4	$K_4 = f_1 + f_6 + f_8 = 541$	$k_4 = K_4/3 = 541/3 = 180$
5	$K_5 = f_2 + f_4 + f_9 = 600$	$k_5 = K_5/3 = 600/3 = 200$
6	$K_6 = f_3 + f_5 + f_7 = 606$	$k_6 = K_6/3 = 606/3 = 202$
7	$K_7 = f_1 + f_5 + f_9 = 536$	$k_7 = K_7/3 = 536/3 = 179$
8	$K_8 = f_2 + f_6 + f_7 = 599$	$k_8 = K_8/3 = 599/3 = 200$
9	$K_9 = f_3 + f_4 + f_8 = 612$	$k_9 = K_9/3 = 612/3 = 204$
10	$K_{10} = f_1 + f_4 + f_7 = 585$	$k_{10} = K_{10}/3 = 585/3 = 195$

续表

序号	K	k
11	$K_{11}=f_2+f_5+f_8=568$	$k_{11}=K_{11}/3=568/3=189$
12	$K_{12}=f_3+f_6+f_9=594$	$k_{12}=K_{12}/3=594/3=198$

3. 极差值(R)的计算

极差值是指相同因子不同水平的比较中,最大值与最小值的差值,该值反映了该因子对缝口强度的影响程度。极差值(R)的计算结果见表5.3.5。

表 5.3.5　极差值计算结果表

因子	A	B	C	D
极差值(R)	$R_A=30$	$R_B=22$	$R_C=25$	$R_D=9$

表 5.3.6　试验结果选择分析表

方案	A	B	C	D	平均值
1	A_1	B_1	C_1	D_1	180
2	A_1	B_2	C_2	D_2	215
3	A_1	B_3	C_3	D_3	230
4	A_2	B_2	C_3	D_1	195
5	A_2	B_3	C_1	D_2	166
6	A_2	B_1	C_2	D_3	174
7	A_3	B_3	C_2	D_1	210
8	A_3	B_1	C_3	D_2	187
9	A_3	B_2	C_1	D_3	190
	$K_1=625$	$K_4=541$	$K_7=536$	$K_{10}=585$	—
	$K_2=535$	$K_5=600$	$K_8=599$	$K_{11}=568$	—
	$K_3=587$	$K_6=606$	$K_9=612$	$K_{12}=594$	—
	$k_1=208$	$k_4=180$	$k_7=179$	$k_{10}=195$	—
	$k_2=178$	$k_5=200$	$k_8=200$	$k_{11}=189$	—
	$k_3=195$	$k_6=202$	$k_9=204$	$k_{12}=198$	—
极值	$R_A=30$	$R_B=22$	$R_C=25$	$R_D=9$	—
最优方案	$A_1B_3C_3D_3$				

五、试验结果综合分析

1. 最佳的试验组合条件

首先,将4个主要影响因素分开来,通过对每个因子各水平的求和,可以直观地反映出同种因子不同水平的大小关系,如:A 因子的 3 个水平中 K 值的大小关系是 $K_1 > K_3 > K_2$,因此,A 因子的 3 个水平中第一个水平(双线链式线迹)的缝口强度最大,也就是说,最优组合条件中包含 A_1。

其次,缝线(B)的 3 个水平中,K 值大小关系为 $K_6 > K_5 > K_4$,因此,B 因子的 3 个水平中第三个水平(涤纶线)的缝口强度最大,即最优组合条件中包含 B_3。

再次,线迹密度(C)的 3 个水平中,K 值大小关系为 $K_9 > K_8 > K_7$,因此,C 因子的 3 个水平中第三个水平(14 针/3 cm)的缝口强度最大,即最优组合条件中包含 C_3。

最后,针尖形状(D)的 3 个水平中,K 值大小关系为 $K_{12} > K_{10} > K_{11}$,因此,D 因子的 3 个水平中第三个水平(U 形)的缝口强度最大,即最优组合条件中包含 D_3。

综上可知,机织弹力面料缝口强度的最佳组合条件为 $A_1 B_3 C_3 D_3$,即双线链式线迹、缝线为 30.9tex 的涤纶线、线迹密度为 14 针/3 cm、针尖形状为 U 形。

2. 对缝口断裂强度影响程度的分析

从各因子的极差值来看,$R_A = 30$、$R_B = 22$、$R_C = 25$、$R_D = 9$,其大小关系为 $R_A > R_C > R_B > R_D$。极差值越大,改变该因子的水平会对造成缝口断裂强度指标发生较大的变化,也就是对缝口断裂强度的影响越大,反之,影响就越小。从极差值的大小可知,缝迹对缝口断裂强度的影响最大,其次是线迹密度,第三是缝线强度。从极差值的大小还可以看出线迹密度与缝线强度对缝口断裂强度的影响程度相当,仅次于线迹,这三个因子占主导地位,是决定性因素,而针尖形状对缝口断裂强度的影响最小。

3. 各因子水平对缝口强的影响

将每个因子不同水平下的试验结果制成曲线图,用 T_1 T_2 T_3 分别代表不同因子的 3 个水平,见图 5.3.3。

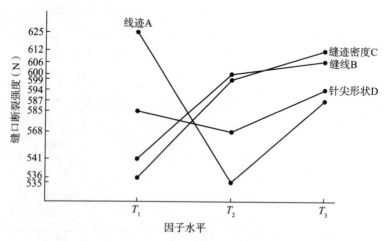

图 5.3.3 各因子水平对缝口断裂强度的影响

① 图 5.3.3 所示,不同水平的缝迹对缝口断裂强度影响程度的大小为:$A_1 > A_3 > A_2$。虽然双线链式线迹与锁式线迹使用的缝线根数相等,形成的正面线迹形状也相同,但是锁式线迹的弹性很小,而双线链式线迹的弹性较大而且其底线是往复进行,形成三条线并列形状,因此

双线链式线迹的抗拉强度比锁式线迹的抗拉强度大。而曲线形锁式线迹比直线形锁式线迹的用线量大,弹性大,所以曲线形锁式线迹的缝口断裂强度大于直线形锁式线迹的缝口断裂强度。因此,在成衣生产过程中要针对不同的缝合部位选用不同的缝迹。上衣的肩缝、袖窿及裤子的后裆缝等都是受拉力及摩擦力较大的部位,若采用简单的缝迹,当人体围度增大或体表伸长或大幅度运动时,这些部位的缝线会由于受拉力过大或缝合部位面料变形过大而发生断裂,因此,为满足缝口强度要求,这些部位应采用具有较大强力和较大弹性的缝迹。试验证实,对于缝线根数相同的线迹,弹性越大,用线量越多的线迹,其缝口强度越大。

② 不同水平的缝线对缝口断裂强度影响程度的大小为:$B_3 > B_2 > B_1$。由缝线对缝口断裂强度影响的曲线变化可以清楚地看出随着缝线含合成纤维(涤纶)量的增加,缝口断裂强度增加,两者呈正相关,所以,在保证缝线与面料的缩水率一致的情况下,尽可能地选用含合成纤维量较高的缝线。试验证实,在满足缝线正常成圈的前提下,根据面料的厚度尽可能地选用线密度较大的高捻度缝线。成衣生产中,可根据面料性能,尽可能选用含合成纤维较高、线密度较大的高捻度缝线。

③ 不同水平的线迹密度对缝口断裂强度影响程度的大小为:$C_3 > C_2 > C_1$。由线迹密度对缝口强度影响的曲线可以看出,随着线迹密度的变密,缝口强度增强,两者呈正相关。这是因为缝口单位长度内的线迹数越多,线迹能承受的最大拉力越大,同时,缝口的拉伸长度越长,缝口强度会随着线迹密度增加而增大。但是,当缝迹密度增加到一定值时,缝口断裂强度不仅不增加,反而会下降。这是由于线迹密度的增加,使缝纫机针刺断织物纱线的几率上升,造成针洞,导致缝口强度下降。试验证实,成衣生产中线迹密度不宜超过 17 针/3 cm。

④ 不同的针尖形状对缝口断裂强度影响程度的大小为:$D_3 > D_1 > D_2$,即对于机织弹力面料而言,使用 U 形针尖的缝针更合理。缝针针尖刺断面料中的纱线是造成缝口针洞的主要原因,密度大、结构紧密的面料在缝制时更易出现针洞,这是因为面料的纱线排列紧密,缝针容易戳到纱线上,而且纱线的滑移距离有限,不足以避让缝针的刺入,所以纱线容易被扎断。同时,锥形针尖比圆头针尖更容易刺伤纱线,使面料形成针洞。通常,细薄细号纱织物适用 S 型针尖,一般织物适用 J 形针尖,厚化纤织物适用 B 形针尖,弹力织物适用 U 形针尖,所以,在生产过程中要根据织物组织的特殊性能来合理地选择缝针针尖形状,以保证服装缝口强度良好。

⑤ 从图 5.3.3 中可以直观地看出各因子对缝口断裂强度影响程度的大小。由曲线的曲率可以清楚地看出线迹对缝口断裂强度的影响最大;而缝线强度和线迹密度的曲线的曲率相当,后者略大于前者,并且两者均与缝口断裂强度呈正相关;曲率最小的是针尖形状,它对缝口断裂强度的影响也最小。从图中还可以更直观地看到 4 个因子不同水平下的最大值,4 个最大值的组合即为最佳的组合方案 $A_1B_3C_3D_3$。

六、本节小结

① 本文利用正交试验设计的方法,选取对缝口断裂强度影响较大的 4 个因素:线迹、线迹密度、缝线和针尖形状,并取诸因素在成衣生产中最常用的 3 工艺条件为水平,进行 $[L_9(3^4)]$ 正交试验。试验证明,最佳组合方案为 $A_1B_3C_3D_3$。

② 双线链式线迹的缝口断裂强度大于锁式线迹的缝口强度,曲线形锁式线迹的缝口断裂强度大于直线形锁式线迹的缝口断裂强度。对于缝线根数相同的线迹,弹性越大、用线量越多

的线迹,其缝口断裂强度越大。

③ 在满足缝线正常成圈的前提下,根据缝料的厚度,尽可能地选用线密度较大的高捻度缝线。线密度相同时,涤纶线强力大于涤棉线强力,涤棉线强力大于棉线强力,所以,在保证缝线与面料的缩水率一致时,尽可能地选用合成纤维含量较高的缝纫线。

④ 机织弹力面料适合使用 U 形针尖,经纬密度大、结构紧密的面料在缝制时易出现针洞,锥形针尖比圆头形针尖更容易刺伤纱线,使面料形成针洞。通常,细薄细号纱织物适用 S 形针尖,一般织物适用 J 形针尖,厚化纤织物适用 B 形针尖,弹性织物适用 U 形针尖。

⑤ 各因子对缝口断裂强度影响程度的大小不同。其中,线迹对缝口断裂强度的影响程度最大,只要改变线迹类型,就会使缝口断裂强度发生很大的变化;缝线和线迹密度对缝口断裂强度的影响程度相当,且均与缝口断裂强度呈正相关;针尖形状对缝口断裂强度的影响程度最小。

第六章

面料性能对成衣悬垂造型的影响

第一节 斜纱面料在重力情况下对衣服整体效果的影响

随着时代的发展,人们对服装造型变化的要求也不断的提高,魅力时尚、个性自我,成为人们追求服装效果永恒的主题。平面织物的造型已经不能满足人们的需求,斜纹织物造型的多变性已成为许多衣服设计的首选。服装设计的关键之一是要协调好服装结构与面料潜在特性之间的关系,处理好面料对结构的影响。如何根据面料的不同特性裁剪出造型效果圆满的纸样,是服装设计师技巧训练中难度较大的问题之一。一般地说,45°斜向的面料其抗弯刚度均小于经向或纬向或与纬向接近。这说明,对于同一种面料,选用45°斜向面料形成的造型要优于其他两个方向,这点在服装设计中尤为重要。由于它的多变在制作中能得到很好的运用,从而制作出诸多具有个性、造型独特的服装,成为时尚的新宠儿。

本章主要对斜纹面料进行研究,由于面料本身自重问题,面料的横向、纵向会发生一些微妙的变化,尤其是对斜纱面料的影响最大。本文主要对固定角度的斜丝面料进行分析,在自身重力下,斜丝面料的横向平均回缩量、横向回缩率及纵向平均伸长量、纵向伸长率之间会有一定的规律变化,从而为以斜纱面料为主设计的服装提供数据支持。因此,设计一件合体、线条优美的上衣或裙子,应综合考虑面料的悬垂性能和面料的长度。

对于服装用纺织材料而言,形态特征是十分重要的性能之一。设计思想的表达和服装形态美不仅依赖于款式和结构,还与面料的形态特征和造型能力有密切关系。因此,面料的形态特征实际上也就成了设计人员和消费者关心的重要内容之一。斜纱面料就是很好的选择,利用斜纱面料能设计出独特的服装样式,能在市场竞争中占有一席之地。

一、直丝面料与斜丝面料在重力下的自然悬垂分析

首先通过试验分析直丝和斜丝面料在重力下的受力。试验首先选择纱织物为例进行分析,先选取 2 块面积相同(50 cm×50 cm)的涤纶直丝和斜丝面料,在重力环境下,对它们的自然悬垂进行试验,通过时间的不断增加分别测出它们相同时间后的长度变化

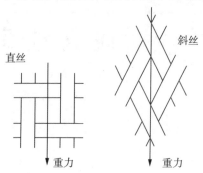

图 6.1.1 直丝面料和斜丝面料在重力下结构变化比较

从图 6.1.1 可以看出,直丝面料受到重力的影响微乎其微,然而重力对服装材料的不同纱向有较大影响,尤其对 45°斜纱。近些年来在服装设计中,斜丝面料在选用中占很大比例,主要利用斜丝面料具有较好横向回缩性和纵向伸长性的特点,可以使服装合体,减少省的使用,增强面料的飘逸动感。但是斜丝面料使用时,遇到的主要问题就是在重力作用下,面料宽度和长度的微妙变化。图 6.1.1 是直丝面料与斜丝面料在重力下结构变化比较,不难发现,直丝面料在重力作用下变形程度小,一般可以忽略不计,但当使用斜纱面料裁制服装时,面料结构变化受重力的影响很大。

二、斜纱面料在重力下长度和宽度变化

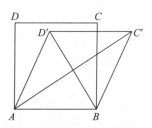

图 6.1.2 斜纱面料在重力下长度和宽度变化比较

假设正方形 $ABCD$ 为一个单位的平纹组织,正方形的边长为 a,当 AC' 为重力方向时,斜纱横向宽为 BD',AC' 为纵向长,变化范围为:$AC' \in (a\sqrt{2}, 2a)$,$BD \in (0, a\sqrt{2})$。根据受力分析,AC' 的值只能增加,BD' 的值只能减小,并且长度(受力)不同时面料的长度伸长量和宽度回缩量成一定的规律变化。

这只是理想状态下的斜纱面料的受力分析,其实影响斜纱面料长度、宽度变化的因素很

多，如面料的材质、弯曲性、易变形性、面料组织之间结构相互影响牵制等。但斜纱面料大体有如图 6.1.2 的形式变化。

三、斜纱面料在重力下宽度和长度的变化试验

1. 试验用具与设备

① AL104 电子天平(测试面料面密度)。

② YG141D 型数字式织物厚度仪(测试面料厚度)。

③ YG(L)811 - DN 织物动态悬垂风格仪(测试面料悬垂系数)。

④ 直尺、剪刀、画粉。

⑤ 照布镜(测试面料经纬密度)。

⑥ 白色精纺纱织物、花色粗纺纱织物、长型泡沫板(长为 150 cm，宽为 80 cm)。

表 6.1.1　服装材料的主要性能

面料	测试因素	均值	测试因素单位
白色精纺纱织物	厚度	0.42	mm
	面密度	169.99	mg/m²
	悬垂系数	22.6	%
	经纬密度	经 425,纬 450	根/10 cm
花色粗纺纱织物	厚度	0.701	mm
	面密度	182.25	mg/m²
	悬垂系数	16.6	%
	经纬密度	经 166,纬 262	根/10 cm

测试结果：白色精纺纱织物悬垂系数为 22.6%，花色粗纺纱织物悬垂系数为 16.6%，两种面料的悬垂系数相差很大。悬垂系数小的面料，悬垂性能要好，所以花色粗纺纱织物比白色精纺纱织物的悬垂性能优越得多(表 6.1.1)。

2. 试验方法讨论

对面料进行测试所得到的结果与面料单位组织的理论结果有很大的差别，这是由于面料在重力下每个单元组织结构的变形情况都不同，它们之间相互牵扯、相互制约。因此整块面料的变型情况都不同，即面料的宽度缩小和长度增加的比例不能用某一单元组织结构变化的理想数学公式进行分析，而用实际的测量方法可以较为准确的获得。

先测试白色精纺纱织物面料(45°斜纱)，取长度为 105 cm、宽为 50 cm 进行分析，将裁好的面料平放在红色泡沫板上，使其恢复到原状，用笔把其廓型描下来，然后缓慢地把板抬到至垂直于地面的状态，在自然悬垂下，面料所处状态如图 6.1.3。

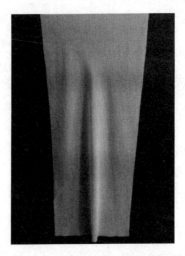

图 6.1.3　斜纱面料自然悬垂下所处状态

　　从图 6.1.3 初步可以看出在自然悬垂下面料发生了很大变形。被测面料呈现上边大于底边的等腰梯形,面料本身的宽度在缩小,长度在增加。下面对面料进行具体深入的分析:

　　对长度 105～65 cm(以 10 cm 递减)、宽度不变(宽度为 50 cm) 的 5 种尺寸的面料(45°斜纱面料)分别进行分析,测得 A、B、C、D、E 各点变化数据,其中 A 为被测面料左底点、B 为面料底边中点、C 为面料右底点、D 为面料左中点、E 为面料右中点,如图 6.1.4 所示。

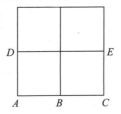

图 6.1.4　面料上需要测试的各点部位

　　不同长度的白色精纺纱织物在自然悬垂下 A 、B 、C 三点的纵向变化及其分析如表6.1.2。

表 6.1.2　白色精纺纱织物被测点纵向伸长量的变化　　　　　　单位:cm

长度	A	B	C	平均纵向伸长量	一次差分	二次差分
105	4.50	2.90	4.00	4.25	0.60	0
95	3.80	2.80	3.42	3.61	0.56	0.04
85	3.20	2.70	2.98	3.09	0.52	0.04
75	2.80	2.50	2.42	2.61	0.48	0.04
65	2.10	1.90	2.28	2.19	0.42	0.04

　　从表 6.1.2 中可以看出,随着白色精纺纱织物长度的递减变化,A、B、C 三点的纵向伸长量都在减小,其相对的平均纵向伸长量也呈二阶等差数列递减。

用同样的方法对花色粗纺纱织物进行试验所测结果如表 6.1.3。

表 6.1.3　花色粗纺纱织物被测点纵向伸长量的变化　　　　单位：cm

长度	A	B	C	平均纵向伸长量	一次差分	二次差分
105	17.10	16.00	16.90	17.00	0	0
95	14.70	13.70	13.78	14.24	2.76	0
85	12.00	11.00	11.60	11.80	2.44	0.32
75	10.50	9.20	8.86	9.68	2.12	0.32
65	8.60	7.00	7.16	7.88	1.80	0.32

再对这两种面料进行横向回缩量进行测量，如表 6.1.4、表 6.1.5。

表 6.1.4　白色精纺纱织物被测点横向回缩量的变化　　　　单位：cm

长度	A	C	D	E	AC 平均横向回缩量	一次差分	DE 平均横向回缩量	一次差分
105	4.00	4.50	2.40	3.00	4.25	0	2.70	0
95	3.64	3.90	2.30	2.30	3.77	0.48	2.32	0.375
85	3.20	3.38	2.00	1.90	3.29	0.48	1.95	0.375
75	2.90	2.72	1.60	1.55	2.81	0.48	1.55	0.375
65	2.50	2.16	1.30	1.10	2.33	0.48	1.20	0.375

表 6.1.5　花色粗纺纱织物被测点横向回缩量的变化　　　　单位：cm

长度	A	C	D	E	AC 平均横向回缩量	一次差分	DE 平均横向回缩量	一次差分
105	13.20	7.00	10.0	8.90	10.1	0	9.45	0
95	11.60	7.30	9.30	7.40	9.45	0.65	8.35	1.10
85	10.80	6.80	7.80	6.70	8.80	0.65	7.25	1.10
75	8.20	8.10	6.60	5.70	8.15	0.65	6.15	1.10
65	7.80	7.20	5.30	4.80	7.50	0.65	5.05	1.10

从表 6.1.4 和表 6.1.5 可以看出，随着被测面料长度的递减变化，A、C、D、E 这四点的横向回缩量也都在减小，其对应的 AC 平均横向回缩量和 DE 平均横向回缩量也在递减，而且呈一阶等差数列递减。

从上面四表可以看出斜丝面料在自身重力下变形程度比较大，尤其是悬垂性好的面料。由于在面料自然悬垂下其状态很难把握，所测的纵向伸长量和宽度回缩量都为平均值，即平均纵向伸长量和平均横向回缩量。总体来说，面料的宽度会缩减，分析得出，随着面料长度以相等的数值递减时，其平均宽度回缩量也递减并呈等差数列递减，各档实测值相差的值和各档缩量相差的值一样。自然悬垂下，面料的长度也在有规律的变化，与横向有所不同的是纵向变化在增加，面料的平均纵向伸长量随着面料长度的减小并呈二阶等差数列减小。

从上面四表还可以得出，同一档的花色粗纺纱织物的纵向平均伸长量、一次差分、二次差分要比白色精纺纱织物的纵向平均伸长量、一次差分、二次差分大得多，同一档的花色粗纺纱织物的横向平均回缩量、一次差分、二次差分量要比白色精纺纱织物的横向平均回缩量、一次差分大得多,说明悬垂性好的面料在自然悬垂下易变形,具有良好的塑形性。

不同长度的斜丝面料内部变化不同,对结构设计中其长度和宽度的影响也不同。因此,在结构设计前,一定要先把增加的量和减小的量计算出来,这样才能有的放矢,把结构设计做好。只有了解了织物的伸缩性能,才能正确运用放松度、吃势、推、归、拔等工艺,达到服装平服、规格准确、造型优美的目的。

在已知斜丝面料的伸长率和回缩率的条件下,对原有的样板进行缩减和增加,得到的处理后的样板被用来裁制衣服。与传统的样板结构设计技术相比,用这种改进后的方法制作出来的服装在运动中外观、合体性都很好。若将这种样板制作流程在其他款式中能成功应用,将减少人们在样板制作上所耗费的时间,还可以为样板设计软件提供一个改进斜丝面料服装的合体外观的机会。

四、斜纱面料对女上装的影响

(一) 试验用具和装备

(1) 选用 GB133591—165/84A 人体模型作为试验参照对象。

(2) 剪刀、弯尺、牛皮纸,红色水性笔。

(3) 工业用缝纫机、梭皮、梭心、电熨斗,富怡电脑制版软件,数码照相机。

以女装上衣为例,使用第三代衣身标准基本纸样(无袖),其规格为胸围 84 cm(胸围加放 8 cm 松量)、衣长 50 cm、领围 35 cm,利用富怡软件画出结构图(图 6.1.5)。

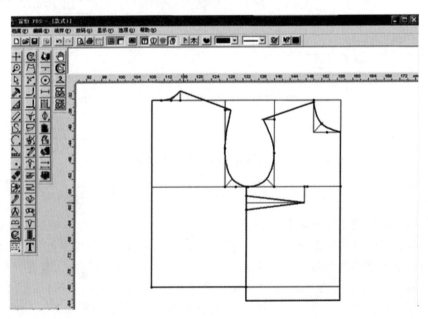

图 6.1.5　女装上衣结构图

（二）试验方法讨论

样衣制作排除腰围对服装变化的影响，只考虑胸围（即衣服宽度）上的变化和衣长（即长度）上的变化。

排除面料裁制上的干扰。样衣的制作虽然采取两种不同面料，但都采用纱质材料，且裁剪时保证精确，这样可以尽量减小误差，从而方便对比。

接下来对上述两种面料进行裁片，一共裁 4 片，其中两种面料各裁一个常规和 45°斜纱女装上衣，裁剪缝制以后，穿在模台上拍摄效果，如图 6.1.6、图 6.1.7。

图 6.1.6　白色精纺纱织物常规纱向女上装正面、侧面、后面效果图

图 6.1.7　白色精纺纱织物斜纱女上装正面、侧面、后面效果图

从图 6.1.6 和图 6.1.7 可以看出，不管是女上装的正面、侧面、后面，斜纱女上装的垂感和变形都比常规纱向女上装的好，而且斜纱女上装的合体程度好于常规纱向女上装。

图 6.1.8　花色粗纺纱织物常规纱向女上装正面、侧面、后面效果图

177

图 6.1.9　花色粗纺织物斜纱女上装正面、侧面、后面效果图

　　对图 6.1.8 和图 6.1.9 进行对比分析,可以看出,花色粗纺纱斜纱织物女上装正面、侧面、后面的整体效果好于常规纱向女上装,而且前者的垂感比后者好得多,变形量大于后者,合体性优于后者。

　　由上面 4 组图总体进行分析,可以看出斜丝面料形态优于平纹面料,斜丝面料在外观、合体性上都较好,斜丝面料在结构简单的条件下仍能较好地表现出人体曲线的特点,这样就不必为了满足人们在曲线上的要求而做过多的结构变化或做复杂的结构,而且节省了在制图、制板、工艺上的时间。但斜丝面料由于变形性较好,所以在铺料、裁剪上要求都高于常规纱向面料。

　　把四种女装上衣依次挂起并拍照,如图 6.1.10。

常规纱向白色女上装　　　　　斜纱白色女上装　　　　　常规纱向花色女上装　　　　　斜纱花色女上装

图 6.1.10　4 种女上装悬挂效果图

　　从图 6.1.10 看出,四种女上装悬挂后表现出不同的形态。总体来说,斜纱女上装的悬垂造型优于常规纱向女上装,悬垂性好的女上装要优于相对悬垂性一般的女上装。下面对四种女上装分别做悬挂前后测量分析,见表 6.1.6。

表 6.1.6　四种选用不同纱向女上装悬挂前后衣长、胸围的变化　　　　　　单位:cm

面料	衣长	胸围	悬挂后衣长	悬挂后胸围
白色常规纱向女上装	50	48	50.3	46.1

面料	衣长	胸围	悬挂后衣长	悬挂后胸围
白色斜丝女上装	50	48	53.6	44.3
花色常规纱向女上装	50	48	52.2	44.2
花色斜纱女上装	50	48	58.3	39.7

对表 6.1.6 进行分析,由于衣身结构上有省的缝合以及肩缝和侧缝的缝制,因此都会对衣身胸围和长度方向上有影响,但从表 6.1.6 仍可以看出,斜纱面料制作的上衣受重力作用变形很大,胸围会减小,衣长会增加。而且同一种面料的斜纱上衣要比平纹上衣的变化量大,不同种的面料平纹上衣相对比,悬垂性好的受到重力后,衣服形态变化大,不同种面料的斜纱上衣对比,也是悬垂性好的受到重力后衣服形态变化大。

其实斜纱面料不仅对上装有影响,而且对裙装造型影响也很大,其中主要表现在对裙装底摆波浪造型的影响,如设计中裙装采用 45°斜纱向,能获得飘逸的波浪效果,且波浪造型优美,轮廓线条柔和、弯曲。若要设计一款合体而优美的裙装,应选用面密度较低、悬垂系数小的面料,并且采用 45°斜纱向。

利用斜丝面料的造型能力,通过一定的结构处理技巧和缝制工艺技巧,就可塑造出满意的造型。大量的试验表明,面料的质量、厚度、悬垂性、方向性、伸展性等,均会对服装结构造成影响。利用面料的悬垂性,再借用斜裁技术,能使服装获得优雅的美感。比如利用斜纱裁剪可以使服装获得一种非常感性的合身效果,布料产生的悬垂衣褶也非常自然、柔和。但是,面料的悬垂性对底摆的形态和结构会产生影响。

五、本节小结

(1) 采用面料斜纱制作的服装在穿着时,受重力的影响,各部位均会发生不同变化,其中横向和纵向的变化程度不一,须对各部进行量化调整,才能保证良好的服装效果。

(2) 不同长度的斜纱面料在自身重力下,横向和纵向都发生变化,经过测量,各档的横向平均宽度缩量随着面料减小而减小并呈等差数列递减变化,各档的纵向平均增加量随面料长度的减小而呈二阶等差数列减小。

(3) 悬垂性好的斜纱面料的纵向平均伸长量、一次差分、二次差分比悬垂性一般的斜纱面料的纵向平均伸长量、一次差分、二次差分大得多,其横向平均回缩量、一次差分、二次差分量也比悬垂性一般的斜纱面料大,说明悬垂性好的面料在自然悬垂下易变形,具有良好的塑型性。悬垂性好的斜纱面料,其变形能力强。

(4) 女装上衣主要考虑斜纱面料对胸围和衣长的变化影响,而斜纱裙装主要考虑下摆波浪造型的影响,从而制作出合体、优美的服装款式。

第二节　人体型态与面料悬垂造型的关系

在服装设计中,人体型态对于服装风格和造型的影响表现得越来越突出。面料悬垂造型受款式、人体型态、缝制加工工艺方法、面料性能以及织物经(纬)向与裙子下垂线的夹角等因素的影响。文中针对现代生活中女性体态的特点,排除面料性能等对面料造型的影响,考察人体型态对面料悬垂造型的影响。

人体由于后天的营养、发育、劳动等各种因素,不少人在各个部位有变化而形成人们体表的差异,且具有一定的普遍性。面料悬垂造型的特点之一是下摆波浪的均衡和美观,但因穿着个体的差异,下摆波浪也会呈现不同的效果。影响面料悬垂造型的因素很多,比如人体的形态、纸样结构、面料性能等。文中把研究条件限定在人体型态因素上,以斜裙款式为例,就人体腰部形态对面料悬垂造型的影响进行细致的研究。

研究排除面料性能对造型的影响,以 160/84A 的人体模型为研究对象,以平面结构结合立体的试验方法,通过样板叠加,对所得数据进行分析,然后进行样衣制作、试穿。考察以腰围为变量条件下,腰部形态特征对斜裙裙摆悬垂造型的影响,总结出变化规律,达到理想的悬垂造型效果,再以悬垂造型效果需求逆向指导样板修正规律与参数,以此进行比较和验证。

一、人体型态与裙摆波浪的测量

1. 试验用具与设备

① 用 160/84A 人体模型作为试验参照对象,其三围尺寸分别为胸围(B)84 cm、腰围(W)64 cm、臀围(H)90 cm。

② 白坯布、棉花、红色标注线、珠针、大头针、手针、剪刀、弯尺、铅笔、牛皮纸等。

③ 工业缝纫机、梭皮、梭心。

2. 试验步骤

(1) 人体型态

① 人体型态的设定

选用 160/84A 的人体模台,其腰围为 64 cm、臀围为 90 cm。采用补正法,为人体模台进行腰部形态的补正。试验采用白坯布夹棉花压实后填充于腰部,使调整后实际效果符合人体腰部形态的自然曲线,以保证试验的完美性。

② 相关标识线的确定

确定 W 线(腰围线),在 W 线下 20 cm 处取一条水平线作为 H 线(臀围线),在 W 线与 H 线中线处取一条水平线设为 P 线(腹围线)。

(2) 斜裙的制作

① 斜裙的绘制

由于要精确地考察人体型态与面料悬垂造型的关系,所以制图时腰围不加放松量,臀围加放 4 cm 松量。以不同的人体腰部形态为依据制作样板,绘制出直身裙的结构图,再由直身裙向斜裙转化,观察样板之间的变化。斜裙的转化是通过转移直身裙上的两个省量得到的,如图6.2.1 所示。

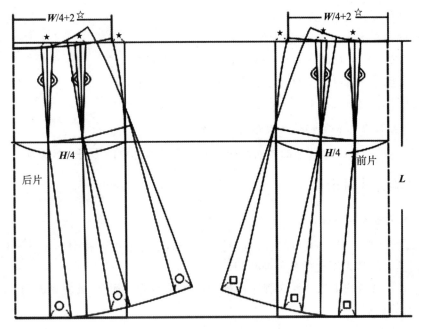

图 6.2.1　直身裙样板的绘制

注:腰围 64 cm、68 cm、72 cm,臀围 94 cm,裙长 55 cm

② 斜裙的制作

将白坯布进行水洗、熨烫、抽纱、裁剪并进行缝制。

③ 斜裙的试穿

把缝制后的样衣在不同腰部形态的人体模台上分别进行试穿并拍照并对造型进行比较,如图 6.2.2 所示。

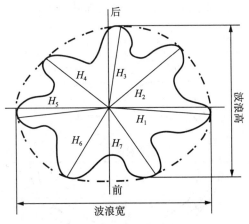

图 6.2.2　裙摆波浪的形态

注:波浪宽为左右 2 个最宽的波之间的距离,波浪高为前后 2 个最长的波之间的距离。

3. 裙摆波浪的测量和计算

① 波浪宽与波浪厚。

② 实际底摆周长(虚线的长度)。

③ 裙底摆扁平率＝波浪宽/波浪厚。

④ 平均波高 $H_i = (H_1 + H_2 + \cdots + H_n)/n$ (n 为波的个数)。

⑤ 波高变动率＝$\{(H_i - H_1)2/(n-1)/H_i\} \times 100\%$。

⑥ 波浪面积：$S_f = \pi \times [底摆周长/2\pi]^2$。

4. 斜裙裙摆波浪与腰臀部位截面形态的叠加

将试验得到的斜裙裙摆波浪的截面曲线与人体上腰臀部位的形态进行叠加。

(三) 试验方法讨论

1. 其他干扰因素的排除

① 排除款式、制作等方面对面料悬垂造型的影响,仅考察人体腰部形态对面料悬垂造型的影响,观察其悬垂造型变化的特征与规律。

② 排除面料材质的干扰。样衣制作都采用质地相同的白坯布,且织物纱向一致,消除面料纱向对造型的影响。

2. 腰部形态的变化

研究重点以人体腰部形态的变化为例进行。从人体腰部截面可以看出腰部形态近似椭圆型,腰后部凹陷,腰前部有腹凸;臀部形态也同腰部形态近似,是比较近似于圆形的椭圆。随着腰围的增大,腰围的横截面形态会改变,两侧腰点间距增加,厚度增加,尤其是前腰部、腹部会同步增加,如图 6.2.3。

由于人体腰部形态存在差异,腰部的扁平率和厚度等项目变化比较大,这些变化有可能是影响面料悬垂造型的主要因素。由于本试验 W 是变量,H 是定量,W 变化后腰部的截面形态、体背形态也发生变化,而且裙子的腰与人体的腰部贴合紧密,所以 W 位的变化差异会直接影响样衣的着装状态。

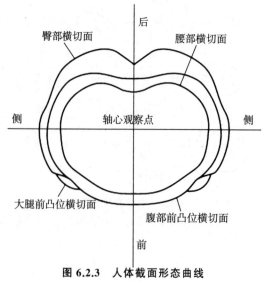

图 6.2.3 人体截面形态曲线

二、测量结果与考察分析

1. 样板的叠加结果与考察

标准体型臀腰差为 26 cm,当腰围每增加 4 cm 时,臀腰差减少 4 cm,直身裙上各省量减小,所以并省转移后的斜裙各个部位都随之变化,斜裙上各个工艺点也发生变化。由于模台只单纯增加了腰围,腰围的截面形态发生改变。为了方便观察斜裙转化后的变化规律,以斜裙的前后中心线为重叠线,分别对腰围为 64 cm、68 cm、72 cm 的斜裙样板进行叠加,见图 6.2.4,并分别测试腰围呈等差数列变化的状态下各个斜裙腰口曲线和斜裙下摆曲线的变化及不同状态下斜裙腰口曲线横深比的变化。

为了方便下文的论述,在样板叠加后通过大写字母 A 到 N 来表述各个工艺点的变化。图6.2.4 中 M、N、I、J 四点均为 D、H、C、G 点与水平线的交点,见表 6.2.1。

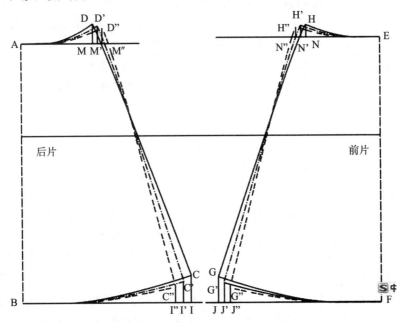

图 6.2.4　不同腰部形态斜裙的样板叠加

注:———为腰围为 64 cm 斜裙的结构线;------为腰围为 68 cm 斜裙的结构线;------为腰围为 72 cm 斜裙的结构线

表 6.2.1　斜裙样板叠加后各部位的变量　　　　　　　　　单位:cm

项目	64	68	72	板与板间的平均增量
AM	15.2	16.4	17.6	1.2
DM	4.3	4.1	3.9	−0.2
AM/DM	3.5	4	4.5	0.5
EN	15.5	16.5	17.5	1
HN	2.5	2.4	2.3	−0.1

项目	64	68	72	板与板间的平均增量
EN/HN	6.2	6.9	7.6	0.7
BI	36.4	34.4	32.4	−2
CI	5.4	4.4	3.4	−1
FJ	35.4	33.9	32.4	−1.5
GJ	4.6	3.7	2.8	−0.9

注：其中 EN/HN 和 AM/DM 分别为斜裙前后腰口曲线的横深比。

2. 斜裙各工艺点变量的相关结果考察

（1）斜裙腰口曲线的变量

斜裙前片腰口弧线点为 E、H，斜裙后片腰口弧线点为 A、D，相关点为 M、N。当腰围呈等差数列增加时，后腰口曲线的横向长度 AM 以 1.2 cm 的等差数列增加，纵向长度 DM 以 0.3 cm 的等差数列减小，后腰口曲线的横向长度与纵向长度的比（即横深比）以 0.5 的等差数列增加。前腰口曲线的横向长度 EN 以 1 cm 的等差数列增加，纵向长度 HN 以 0.1 cm 的等差数列减小，前腰口曲线的横深比以 0.7 呈等差数列增加。可见当腰围尺寸增加 4 cm 时腰口弧线发生变化，腰围越大，腰口曲线的横深比越大，腰口弧线弧度越平缓，腰围越小腰口弧线弧度越陡峭。

（2）斜裙下摆曲线的变量

斜裙前片下摆弧线点为 F、G，斜裙后片下摆弧线点为 B、C，相关点为 I、J。当腰围以 4 cm 呈等差数列增加时，后下摆曲线的横向长度 BI 以 2 cm 的等差数列减小，纵向长度 CI 以 1 cm 的等差数列减小。前下摆曲线的横向长度 FJ 以 1.5 cm 的等差数列减小，纵向长度 GJ 以 0.9 cm 的等差数列减小。由此可见，当腰围以 4 cm 呈等差数列增加时，斜裙下摆弧线不论是横向长度还是纵向长度都以等差数列减小，这说明当腰围增加时斜裙下摆的围度变小，下摆曲线的弧度变得平缓。

（3）侧缝线位移偏量

斜裙前片侧缝线为 GH，裙后片侧缝线为 CD。当腰围呈等差数列增加时，斜裙前片的侧缝线 GH 上点 G 向下向内偏移，点 H 向下向外偏移。斜裙后片侧缝线 CD 上点 C 向下向内偏移，点 D 向下向外偏移。由此可见当腰围尺寸增加，侧缝线的角度变小，侧缝线向斜裙中心线偏移。腰围变大，相对斜裙下摆围度变小。由于侧缝线是连接斜裙腰口曲线与斜裙下摆的线，无论腰口曲线如何变化，侧缝线的长度都不变，当腰口曲线变平缓，斜裙下摆的曲线也变得平缓。

3. 斜裙的悬垂造型结果与考察

由图 6.2.5 和表 6.2.1 可以看出，当臀部形态不变而腰围以等差数列变化时，直身裙向斜裙变化后，裙下摆也呈等差数列减小；在结构图上，AM 和 EN 的横向长度以等差数列增加，DM 和 HN 的纵向长度呈等差数列减小。这说明腰围越大，斜裙的腰口曲线弧度越平滑，反之斜裙的腰口曲线弧度越大。裙子着装后贴合人体的各个部位所产生的波浪起伏状态及人体某些突出部位对斜裙的支撑使裙子下摆形成起伏不定的波浪状的裙摆效果，如图 6.2.5 所示。

而裙摆波浪效果主要看波浪宽、波浪厚、波浪周长、波浪面积、平均波高、平均起浪点等参数的变化。

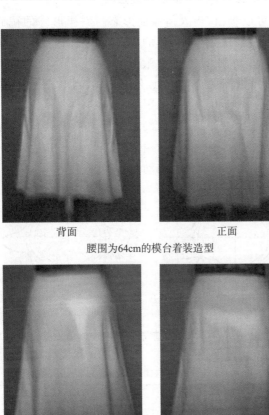

背面　　　　　　　　　正面
腰围为64cm的模台着装造型

背面　　　　　　　　　正面
腰围为68cm的模台着装造型

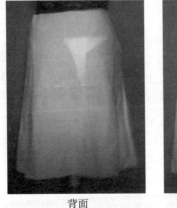

背面　　　　　　　　　正面
腰围为72cm的模台着装造型

图6.2.5　不同形态的人体模台的着装造型

4. 人体截面形态与裙摆波浪叠加的结果与考察

由图 6.2.6 和表 6.2.2 可以看出,当人体截面形态与斜裙形态的截面叠加后,可以清楚地看出人体与斜裙接触的部位、裙子波数与人体的关系、裙子波高变动率与人体的关系等。由不同形态的人体着装试验可以了解到,斜裙的波浪数大约有 6 或 7 个。这些波大约出现在前腹突点(两个波)、体侧两点(2 个波)、两个臀突点(2~3 个波)。由于人体腰部形态存在差异,导致裙子的波数、波高变动率等影响裙摆效果的因素有一定差异。当腰围增加时,斜裙下摆围度变小(见表 6.2.2),腰口曲线弧度变平滑,斜裙的着装后波浪个数减少,裙摆的波浪宽变小、波浪厚增大,裙摆周长变小,裙摆波浪面积变小,裙摆的扁平率也相应变小,平均起浪点高度相应下降,起浪点在臀围线与腹围线中线处左右波动,如图 6.2.6 所示。

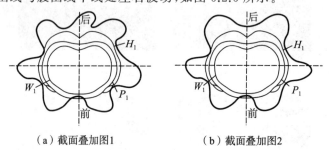

（a）截面叠加图1   （b）截面叠加图2

图 6.2.6 人体截面形态与裙摆波浪叠加图

表 6.2.2 人体截面形态与裙摆波浪叠加的相关统计表   单位:mm

腰围	裙摆波浪			裙摆扁平率比	平均起浪点	波浪面积	波高		波个数
	宽	厚	周长				平均	变动率	
64	44.5	32	134	1.39	41	1311.5	21	1.59	7
68	43.5	35	127	1.24	39.5	1181.1	20.8	3.46	6

5. 数据分析

（1）腰臀部形态对斜裙样板的影响

当腰围增大时,臀腰差减小,腰省相应变小。直身裙并掉 2 个省量转移成斜裙后,裙底摆的平均增量也变小。腰围变大,腰口曲线的弧度变大即横深比变大。腰围越大,腰口曲线的横深比越大,腰口曲线弧度与下摆曲线弧度越平滑,斜裙下摆围度越小,而且当腰围呈等差数列增加时,腰口曲线的横向长度和纵向长度都呈等差数列增加或者减小,腰口曲线的横深比也呈等差数列增加。因此,在实际的斜裙制板中可以应用这些数据和规律直接进行制板,无须通过直身裙并省转移获取斜裙样板。

（2）腰臀部形态对斜裙形态的影响

腰围增大时,腰部的横截面形态就会发生改变。根据真实人体的测量,了解到两侧腰点间距增加,厚度增加,厚度的变化比较大,尤其是前腰部、腹部会同步增加。当人体腰围增加时,细部规格与细部形态也发生变化。臀腰差越大,裙底摆增量越大,着装后所形成的裙子波浪数越多,裙底摆状态越好,而且斜裙着装后,由于人体的腰臀部位的扁平率及腰臀部位的形态不同,所形成的裙摆形态也不同。当臀部形态不变、腰部形态发生改变时,腰部截面形态的扁平率也随之改变,所形成的波浪宽度就越宽,波浪厚度越小,裙摆的扁平率也就越大。本文中当腰围增大时,腰部扁平率变小,所以斜裙着装后,波浪宽变小,波浪厚增大,裙摆周长变小,波浪面积变小,平均起浪点位置降低。这说明腰部形态、腰部扁平率对斜裙的造型有很大的影响。

（3）裙底摆形态对斜裙形态的影响

裙底摆的形态是考察斜裙着装后斜裙悬垂造型好坏的依据。裙底摆形态包括裙底摆的扁平率、裙摆的宽度、裙摆的厚度、平均波高、裙摆周长、裙摆波浪面积、裙摆波高变动率等。这些对斜裙形态也有一定的影响。裙摆的宽度和裙摆的厚度越小,说明裙子越贴体,裙摆波浪深度越大。裙底摆的波数越多,说明斜裙形态的波浪效果越好。

（4）斜裙底摆角度与起浪点对斜裙形态的影响

起浪点是裙子着装后开始出现波浪的点,由表 6.2.2 中数据可以看出裙子的平均起浪点大约都在臀围线以上、腹围线以下。裙底摆角度包括左底摆角度与右底摆角度。裙子底摆角度越小,说明裙子与人体的各个部位越贴合,波浪的宽度与波浪厚度越小,波浪的波高变动率越大。裙摆的起浪点越高,说明裙子的下摆围度越大,所形成的波的个数越多。但这些相对来说变化较小,所以对斜裙形态的影响相对较小。

以上试验结果显示,人体型态中,腰部位形态直接影响斜裙的纸样结构,而斜裙的纸样结构和人体腰部位形态又影响着斜裙的着装状态,由此可知三者之间的关系和变化规律,也就是说人体型态影响着面料悬垂造型的关系。

三、测量结果在成衣样板中的应用分析

1. 斜裙样板的修正与试穿

（1）基于腰口与底摆形态的斜裙直接制板应用

根据表 6.2.1 中直身裙通过省量转移形成斜裙样板的变化规律可知,斜裙腰口曲线及底摆曲线的变化是有规律的,运用得到的变化规律和参数可以通过直接制图法进行制图。

例如当人体腰围为 60 cm、臀围为 90 cm 时,根据规律可以确定斜裙后片腰口曲线的横向长度为 14 cm,纵向长度为 4.5 cm;下摆曲线的横向长度为 38.4 cm,纵向长度为 6.4 cm;前片腰口曲线的横向长度为 14.5 cm,纵向长度为 2.6 cm;下摆曲线的横向长度为 36.9 cm,纵向长度为 5.5 cm。由于斜裙的侧缝线连接腰口曲线和下摆曲线,而且侧缝线与腰口曲线、下摆曲线的角度都为直角,所以侧缝线也基本确定。根据这些数据,可以直接绘制出腰围为 64 cm、臀围为 90 cm 的斜裙样板。

（2）基于斜裙悬垂造型的逆向制板应用

根据表 6.2.1 取造型条件相同对斜裙进行制板。修正的方法有下摆相同法和比率相同法两种方法。两种方法修正后下摆围度都发生变化,采取平均切展法分配增加下摆围度,如图6.2.7。

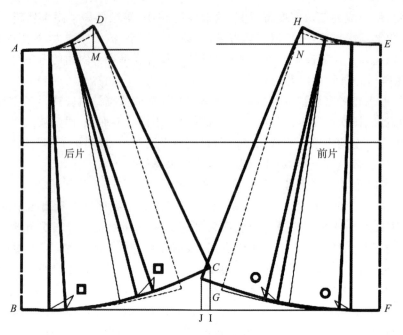

图 6.2.7　斜裙修正平均切展

注：下摆相同法是指腰围为 68 cm 和腰围为 72 cm 的下摆围度取和腰围为 64 cm 的下摆围度相同值；比率相同法是指腰围为 68 cm 和腰围为 72 cm 的下摆围度与各自腰围的比值取和腰围为 64 cm 下摆围与腰围的比值相同。

表 6.2.3　　两种方法的斜裙样板修正　　　　　　　　　　　　单位：cm

腰围	比率相同法			下摆相同法		
	下摆原长	下摆原长	取比率相同值时下摆长	下摆原长	变化后长	变化后长
64	146.5	2.275	145.6	145.6	145.6	2.275
68	138.4	2.035	154.7	138.4	145.6	2.141
72	131.2	1.822	163.8	131.2	145.6	2.022

2. 结果的应用与考察

（1）修正后样板腰口曲线变化结果与考察

将腰围相同时两种方法腰口曲线的变化前与变化后对比，为了方便，同样用大写英文字母 A 到 N 来说明。如表 6.2.4 所示，当取下摆相同值时，斜裙后片腰口曲线的横向长度 AM 以等差数列增加，增量为 1 cm，纵向长度 DM 的等差增量为 0.1 cm；前片腰口曲线的横向长度 EN 的等差增量为 1 cm，纵向长度 HN 的等差增量为 0.1 cm。当取比率相同值时，与取下摆相同值一样也呈等差数列增加，后片横向长度 AM 增量为 0.9 cm，纵向长度 DM 增量为 0.4 cm；前片横向长度 EN 增量为 0.9 cm，纵向长度 HN 增量为 0.2 cm。这说明当腰围呈等差数列增加时，样板修正不论用什么方法，腰口曲线的横深比呈等差数列变化，腰口曲线的弧度变化都是有规律的。相对于取下摆相同，取比率相同时腰口曲线的横向变化小，纵向变化大，腰口曲线的横深比变小，而腰口曲线的横深比越小，说明腰口曲线的弧度越大，腰口曲线弧度越大，与人体腰部的体表形态越吻合。

表 6.2.4　修正后样板腰口曲线的变化　　　　　　　　　　　单位:cm

项目	腰围 64	腰围 68			腰围 72		
		变化前	下摆相同	比率相同	变化前	下摆相同	比率相同
AM	15.2	16.4	16.2	16.1	17.6	17.2	17
DM	4.3	4.1	4.4	4.7	3.9	4.5	5.1
AM/DM	3.5	4	3.7	3.4	4.5	3.8	3.3
EN	15.5	16.5	16.5	16.4	17.5	17.5	17.3
HN	2.5	2.4	2.6	2.7	2.3	2.7	2.9
EN/HN	6.2	6.9	6.3	6.1	7.6	6.5	6

（2）裙摆波浪与人体截面形态叠加的结果与考察

由表 6.2.3 和表 6.2.4 所示数据可以看出当取比率相同值时,腰围越大下摆增量越大,所形成波的个数越多,波高变动率越大,平均起浪点越高。当取下摆相同值时下摆长度虽然增加,波高变动率与平均起浪点都与腰围为 64 cm 的相近,但是波浪的个数却没有变化,仍然同变化前一样为 6 个波浪,见图 6.2.8。

背面　　　　　　　　　　　　　正面

腰围为68cm时取比率相同值

背面　　　　　　　　　　　　　正面

腰围为68cm时取下摆相同值

背视图　　　　　　　　　　正视图

腰围为72cm时取比率相同值

背视图　　　　　　　　　　正视图

腰围为72cm时取下摆相同值

图 6.2.8　修正后样衣的着装造型

表 6.2.5　人体截面形态与裙摆波浪叠加的相关统计表

腰围（cm）		裙摆（cm）			裙摆扁平率比（%）	平均起浪点高（cm）	波浪面积（cm²）	波高		波数（个）
		宽	厚	周长				平均（cm）	变动率（%）	
64		44.5	32	134	1.39	41	1311.5	21	1.59	7
比率相同	68	44.5	33	133	1.35	41.5	1298.2	20.8	2.08	7
	72	44.5	34	135	1.31	43.5	1338.4	21.5	3.1	7
下摆相同	68	44	34	133	1.29	40.5	1298.2	21.5	0.93	6
	72	41.5	32	130	1.30	40.0	1232.5	21	2.86	6

　　由表 6.2.5 和图 6.2.8 可知，两种修正方法修正后的斜裙着装后波浪宽、波浪厚、裙摆扁平率、波浪面积等都与标准体型的斜裙着装状态相近，说明两种方法都可以改变斜裙的着装状态，而且修正后斜裙的平均起浪点都有所提高，说明修正后的斜裙由于平均切展展开的关系，臀围也同步增加。由于取比率相同值时波的个数都为 7 个，但取下摆相同值时却依然同修正前波的个数相同为 6 个。通过结果分析比较后，了解到比率取相同值时斜裙的着装效果好于

下摆取相同值时斜裙的着装效果,而且最接近于标准体斜裙的着装效果。

四、本节小结

通过以上分析,可以得出人体型态与面料悬垂造型的关系:

① 当臀围不变、腰围呈等差数列变化时,直身裙臀腰差呈等差数列减小。直身裙向斜裙转化后,腰围越大,腰口曲线的横深比越大,腰口曲线弧度与底摆曲线弧度越平滑,下摆围度越小。这些变化都以等差数列的形式出现,这为今后斜裙的直接制图方法提供了数据依据。

② 当腰围变化时,斜裙着装后状态也发生变化,考察斜裙的着装形态时,主要看斜裙的波浪状态。腰围越大,人体腰部形态的扁平率越小,斜裙底摆波浪宽度越小,厚度越大,斜裙底摆波浪个数越少,裙摆周长、裙摆波浪面积和裙摆扁平率越小,平均起浪点越低。

③ 人体的腰臀形态直接影响着样板纸样结构和斜裙裙摆的悬垂造型,腰围越大下摆增量越大,波高变动率越大。不同人体型态下,要适当地进行样板调整才有可能得到合适的面料悬垂效果。比率取相同值时斜裙的着装效果好于下摆取相同值时斜裙的着装效果,而且最接近于标准体斜裙的着装效果。

第三节　黏合衬对服装面料悬垂造型能力影响的研究

随着生活水平的不断提高,人们对服装造型的要求越来越高。材料对于服装风格和造型的影响表现得越来越突出,甚至成为决定设计成败的关键因素之一。高档服装的造型不仅与服装面料质地有关,且与服装辅料的性能关系密切。黏合衬是服装制作常用材料,研究黏合衬对面料造型能力的影响,有助于款式设计向成衣转化的准确表达。

服装面料的悬垂性,作为服装造型的一个重要组成要素,是影响服装美感表现的重要性能,多年来一直是各国学者所重视和研究的领域。因此在差不多 70 年的研究历史中,悬垂性的研究从未间断过,在某些方面已非常深入,许多研究者为此付出了大量的心血和精力。发展至今,对悬垂性的概念、测试方法、测量仪器以及评价方法、指标表达和悬垂的模拟,都有了不同程度的认识和发展。

因此,研究黏合衬对服装面料悬垂造型能力的影响具有格外重要的现实意义。本文通过试验,探讨黏合衬对服装面料悬垂造型能力及相关悬垂性能影响的关系,以斜裙为例,分别测量不同纱向裙片平面与立体状态下黏合衬对服装面料悬垂造型能力的影响,总结出它们之间的变化规律,为成衣生产制作提供科学依据。

一、试验方法与测试

1. 服装材料选择与基本性能

在众多的服装材料中,夏季常用的纱类的悬垂伸长量大。本试验选择高丝宝(厚)、高丝宝(薄)、雪纺(薄)、雪纺(厚)、千禧麻、平板纱 6 种夏季面料,选择薄型有纺衬进行试验,并对 6 种面料的基本参数进行了测试,见表 6.3.1。

表 6.3.1 服装材料的主要性能

面料	测试因素	均值	测试因素单位
高丝宝(厚)	悬垂系数	24.995	％
	厚度	0.28	mm
	面密度	89.10	mg/m²
	经纬密度	经 302,纬 370	根/10 cm
	凸条个数	5	
高丝宝(薄)	悬垂系数	27.839	％
	厚度	0.26	mm
	面密度	98.1	mg/m²
	经纬密度	经 318,纬 432	根/10 cm
	凸条个数	5	
雪纺(薄)	悬垂系数	19.924	％
	厚度	0.31	mm
	面密度	93.63	mg/m²
	经纬密度	经 308,纬 382	根/10 cm
	凸条个数	5	
雪纺(厚)	悬垂系数	20.481	％
	厚度	0.57	mm
	面密度	210.00	mg/m²
	经纬密度	经 284,纬 390	根/10 cm
	凸条个数	6	
千禧麻	悬垂系数	21.394	％
	厚度	0.43	mm
	面密度	179.61	mg/m²
	经纬密度	经 328,纬 472	根/10 cm
	凸条个数	8	
平板纱	悬垂系数	27.574	％
	厚度	0.41	mm
	面密度	175.00	mg/m²
	经纬密度	经 288,纬 406	根/10 cm
	凸条个数	5	

（二）试验工具与设备

① 织物悬垂性测定仪。
② AL104 电子天平（测试面料面密度）。
③ YG141D 型数字式织物厚度仪（测试面料厚度）。
④ 直尺。
⑤ 圈尺。
⑥ 照布镜（测试面料经纬密度）。
⑦ GB133591—165/84A 人体模型。
⑧ NHG—600JA 黏合机。

（三）试样制备

将所选 6 种面料分别按直纱和斜纱方向裁成长度为 30 cm、50 cm、70 cm 的斜裙片。服装穿着时受到自重的影响，不同材质的服装材料在悬垂状态下有不同的伸长量。本研究将条件限定在不同基础长度、不同纱向和面料薄厚、悬垂性、造型等因素上。

二、不同面料与黏合衬黏合前后悬垂性、凸条个数变化测试分析

在测试面料悬垂性的时候，记下面料悬垂时的凸条个数，然后将各面料与黏合衬黏合，再测试其悬垂系数和悬垂凸条个数，列表比较（表 6.3.2）。

表 6.3.2　不同面料与黏合衬黏合前后悬垂性、凸条个数变化

面料	悬垂系数（%）	黏合后悬垂系数（%）	凸条个数（个）	黏合后凸条个数（个）
高丝宝（薄）	24.995	49.699	5	4
高丝宝（厚）	27.839	48.988	5	5
雪纺（薄）	19.924	45.204	5	4
雪纺（厚）	20.481	39.147	6	5
千禧麻	21.394	39.231	8	5
平板纱	27.574	43.674	5	4

分析上表中数据得出面料与黏合衬黏合后悬垂性下降。不同面料和同一种衬布黏合时，其悬垂性下降率是不同的，悬垂性好的面料的下降率高于悬垂性差的面料，悬垂性好的的面料黏合后的悬垂性下降得多，与面料的组织和结构有关。悬垂性好的面料由于织物组织结构疏松，导致与黏合衬黏合后悬垂性下降得更多。面料悬垂的凸条个数与面料的悬垂系数呈负相关关系，即面料的悬垂系数越小，悬垂的凸条个数越多，悬垂效果越好。而面料黏衬后悬垂性下降，悬垂凸条个数也减少。

三、裙片黏衬前后造型比较分析

1. 立体状态下裙片黏衬前后造型比较

将试验所选的6种面料分别按直纱和斜纱方向裁成长度为30 cm、50 cm、70 cm的斜裙片。每种面料与长度裁制出2个同规格裙片,分别将裁制好的6种面料2个裙片中的其中1片,用熨斗将其与同规格的黏合衬黏合后,分别将裙片腰围线一侧固定于人体模台上,使之自然下垂,观查黏衬前后的悬垂造型变化及悬垂波浪个数。

雪纺(薄)未黏衬裙片造型　　　　　　　　雪纺(薄)黏衬后裙片造型

图 6.3.1　雪纺直纱裙片立体状态下黏合前后造型

图6.3.1为雪纺直纱裙片未黏衬与黏衬后悬垂造型比较,可以看出裙片黏衬前后的悬垂造型发生明显变化。具体表现在:

① 斜裙片与黏合衬黏合后,裙摆波浪个数减少,没黏衬的裙摆悬垂波浪个数为7,黏合后的波浪个数为4。

② 波浪形态发生了变化。黏合前裙片的波浪形态较窄,波浪深度较浅,且均匀;与黏合衬黏合后,裙片波浪变宽,波浪深度也明显增加。

③ 在裙片的外观效果上,黏合前形成的波浪效果较好,波浪的波峰、波谷较为均匀,更容易形成令人满意的效果;黏衬后波浪效果变差,波峰、波谷相对与未黏衬均匀度降低。

④ 黏衬前后形成波浪的位置发生了变化,黏衬前产生波浪的位置靠上,也就是波浪的竖直方向的长度更长;裙片与黏衬黏合后,波浪的竖直长度和黏衬前比较较短些,形成波浪的位置点下移。

⑤ 黏合前,裙片的造型上,整体宽度显现修长,悬垂感较好;面料黏衬后,裙片的整体造型宽度增加,悬垂感较差。

再加之黏合后裙片各角度的悬垂伸长度明显缩短,特别是在斜纱方向表现得最明显,所以黏合后的裙片底摆比黏合前的更平整,各角度的长度差不明显。

2. 平面状态下裙片黏合前后造型比较

将试验所选的 6 种面料分别按斜纱方向裁成长度为 30 cm、50 cm、70 cm 的斜裙片。每种面料与长度裁制出 2 个同规格裙片,分别将裁制好的 6 种面料 2 个裙片中的其中 1 片,用熨斗将其与同规格的黏合衬黏合后,然后将各裙片的腰围线一侧固定于事先画好水平线的竖直平面上,使之自然下垂,观查黏衬前后的悬垂造型变化及悬垂波浪个数。

雪纺（薄）未黏衬裙片造型　　　　　　雪纺（薄）黏衬后裙片造型

图 6.3.2　雪纺(薄)直纱裙片平面状态下黏合前后造型

图 6.3.2 为雪纺直纱裙片未黏衬与黏衬前悬垂造型变化,可以看出裙片黏衬前后的悬垂造型发生明显变化。具体表现在:

① 黏衬后裙摆波浪个数降低,不黏衬的裙摆悬垂波浪个数为 5,黏衬后的波浪个数下降为 4 个。

② 波浪的形态也发生了变化,黏衬前裙片的波浪较窄,波浪深度较浅,黏衬后波浪变宽,波浪深度也明显增大。

③ 在裙片的外观效果上,黏衬前形成的波浪效果较好,波浪的波峰、波谷较为均匀,更容易形成令人满意的效果,黏衬后波浪效果变差,波峰、波谷较不黏衬前均匀度降低。

④ 黏衬前,裙片的整体宽度较窄,悬垂感较好,面料黏衬后,裙片的整体宽度增加,悬垂感较差。

此外,黏衬后裙片各角度的悬垂伸长度明显缩短,特别是在斜纱方向表现的最明显,所以黏衬后的裙片底摆比黏衬前的更平整,各角度的长度差不明显。各面料不同长度的裙片黏衬前后的差异基本相同,但长度越大的裙片,黏衬前后的差别越明显。

四、不同面料裙片黏衬前后平面与模台状态下的悬垂凸条个数测试分析

1. 直纱裁制裙片黏衬前后悬垂凸条个数

将试验所选的 6 种面料分别按直纱方向裁成长度为 30 cm、50 cm、70 cm 的斜裙片。每种面料与长度按直纱向裁制出 2 个同规格裙片,分别将裁制好的 6 种面料 2 个裙片中的其中 1 片,用熨斗将其与同规格的黏合衬黏合后,然后将各裙片的腰围线一侧固定于事先画好水平线的竖直平面上,使之自然下垂,观查黏衬前后的悬垂造型变化(图 6.3.3)。

高丝宝(薄)平面状态下造型　　　　高丝宝(薄)立体状态下造型

图 6.3.3　高丝宝面料平面和模台状态下悬垂造型

表 6.3.3　直纱裁制裙片黏衬前后平面与立体状态下悬垂凸条个数　　　　单位:个

雪纺(薄)						雪纺(厚)						高丝宝(薄)					
30		50		70		30		50		70		30		50		70	
平面	模台	平面	模台	平面	模台	平面	模台	平面	模台	平面	模台	平面	模台	平面	模台	平面	模台
4	4	5	5	5	7	5	5	5	5	5	7	5	5	5	5	4	5
3	4	4	4	4	4	3	4	3	4	4	4	3	4	3	4	4	3

（续表）

高丝宝（厚）						千禧麻						平板纱					
30		50		70		30		50		70		30		50		70	
平面	模台	平面	模台	平面	模台	平面	模台	平面	模台	平面	模台	平面	模台	平面	模台	平面	模台
5	5	5	5	5	7	4	4	4	5	5	5	4	4	5	5	6	6
3	4	3	4	4	4	3	4	4	4	4	4	3	4	4	4	3	4

表 6.3.3 中，数据第一行为没黏衬时的测试数据，第二行为黏衬后的测试数据，分析数据得出，裙片悬挂于平面和模台状态下悬垂凸条个数相差不大，模台状态下凸条个数略大，黏衬后凸条个数明显变少，悬垂性好的面料的下降率高于悬垂性差的面料，悬垂性好的的面料黏衬后的悬垂性下降得多，与面料的组织和结构有关。

2. 斜纱裁制裙片黏衬前后悬垂凸条个数

表 6.3.4　裙片黏衬前后平面与立体状态下悬垂凸条个数　　　　　　　单位：个

雪纺（薄）						雪纺（厚）						高丝宝（薄）					
30		50		70		30		50		70		30		50		70	
平面	模台	平面	模台	平面	模台	平面	模台	平面	模台	平面	模台	平面	模台	平面	模台	平面	模台
4	4	4	4	5	5	4	4	4	4	5	5	4	4	4	4	4	4
4	4	4	4	5	5	4	4	4	4	4	5	3	3	4	4	4	5

高丝宝（厚）						千禧麻						平板纱					
30		50		70		30		50		70		30		50		70	
平面	模台	平面	模台	平面	模台	平面	模台	平面	模台	平面	模台	平面	模台	平面	模台	平面	模台
4	4	4	4	6	6	4	4	4	4	5	5	4	4	5	5	6	6
3	3	4	4	5	4	4	4	4	4	4	4	4	4	5	5	4	4

表 6.3.4 显示：斜纱裁成的裙片在平面和模台状态下的悬垂凸条个数基本是没有变化的，只有裙片在模台状态下的悬垂凸条个数略大一点，其他裙片在数据上没有变化。但是从裙片的悬垂外观状态上看，同种裙片即使在平面和模台状态下的悬垂凸条个数相同，模台状态下的凸条形态显现出增大的趋势，成裥效果明显好于平面状态下的成裥效果。裙片黏衬后，凸条个数下降，和直纱裙片的变化规律一样。

五、各裙片悬垂时底摆形态变化分析

1. 模台状态下底摆形态变化分析

测量裙片在人体模台上悬垂时的底摆形态，比较黏衬前后底摆宽度和波浪深度。

图 6.3.4 中 D 值为裙摆宽，H 值为波浪深度，分别测试各面料裙片悬垂状态下的底摆宽度和底摆波浪深度，计算底摆波浪深度的平均值，并比较。

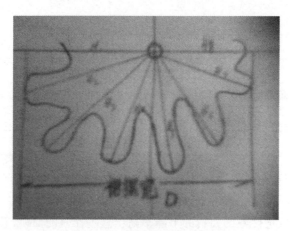

图 6.3.4　裙片悬垂底摆形态

表 6.3.5　直纱裁制裙片黏衬前后底摆宽和波浪深度均值数据表　　　　　　单位:cm

黏衬前后		高丝宝(薄)		高丝宝(厚)		雪纺(薄)	
		D	H	D	H	D	H
30	黏衬前	35.5	11.38	34.6	10.96	32.25	11.94
	黏衬后	35.75	11.63	35.25	11.17	34.85	12.24
50	黏衬前	36	16.11	36.1	15.99	33.31	14.12
	黏衬后	37.3	16.83	37.72	16.78	34.38	15.13
70	黏衬前	38.5	18.56	40	16.61	38.1	16.89
	黏衬后	40.2	19.57	42.8	18.45	39.41	18.94
黏衬前后		雪纺(厚)		千禧麻		平板纱	
		D	H	D	H	D	H
30	黏衬前	32.5	10.96	32.75	9.64	34.3	9.73
	黏衬后	32.3	11.34	33.25	10.31	35.23	10.31
50	黏衬前	34.2	16.85	33.9	14.34	37.8	14.01
	黏衬后	35.1	17.83	34.12	15.21	38.81	14.91
70	黏衬前	37.5	15.86	40.2	15.23	40.5	14.66
	黏衬后	38.42	16.94	42.38	16.97	41.75	15.674

　　从表 6.3.5 中数据可以看出,各裙片黏衬后的底摆宽度都比黏衬前有所提高,各裙片的底摆波浪深度均值也有明显增大。面料黏衬后悬垂性下降,面料厚度变厚,变得比黏衬前更挺括,所以底摆宽度和波浪深度均会比黏衬前大。

表 6.3.6 **斜纱裁制裙片黏衬前后底摆宽和波浪深度均值数据表** 单位:cm

黏衬前后		高丝宝(薄)		高丝宝(厚)		雪纺(薄)	
		D	H	D	H	D	H
30	黏衬前	35.3	11.27	34.2	10.5	31.77	11.81
	黏衬后	35.7	11.23	33.85	10.67	32.15	11.34
50	黏衬前	34.7	16.35	35.2	16.1	33.13	14.01
	黏衬后	35.2	17.1	39.46	16.84	33.65	15.03
70	黏衬前	37.8	18.56	38.6	17.35	37.35	16.81
	黏衬后	39.6	19.23	41.8	18.96	38.53	18.34
黏衬前后		雪纺(厚)		千禧麻		平板纱	
		D	H	D	H	D	H
30	黏衬前	31.5	12.03	31.85	9.98	34.5	9.9
	黏衬后	32.12	12.35	32.37	10.01	33.4	10.23
50	黏衬前	33.1	14.73	32.79	14.78	37.9	14.34
	黏衬后	34.78	15.46	36.45	15.67	38.9	15.79
70	黏衬前	36.3	17.23	40	15.55	39.81	14.98
	黏衬后	39.83	18.65	41.33	16.38	42.3	16.83

从表 6.3.6 中数据可以看出,无论直纱还是斜纱裙片,黏衬后底摆宽度和波浪深度均值都有明显增大,而且裙片的长度越长,这种变化就越明显。

用相机照出裙片悬垂时的底摆状态,分别打印出来,描出底摆形态图,比较黏衬前后底摆形态变化。观查各裙片黏衬前后底摆形态图发现,大部分裙片黏衬后底摆宽度和底摆波浪的宽度都比没黏衬前宽,底摆波浪深度变深,未黏衬时的裙片比黏衬后的裙片更容易在底摆形成满意的褶裥效果,黏衬前的波浪形态匀称,黏衬后波浪比较杂乱,见图 6.3.5

裙片底摆形态照片

黏衬前后底摆形态比较图

图 6.3.5 **底摆形态及黏衬前后底摆形态比较**

2. 平面状态下底摆形态变化分析

测量裙片在竖直平面上悬垂时的底摆形态,比较黏衬前后底宽度和波浪深度。图 6.3.6 中,D 值为裙摆宽,H 值为波浪深度,分别测试各面料裙片悬垂状态下的底摆宽度和底摆波浪深度,计算底摆波浪深度的平均值,并比较(见表 6.3.7、表 6.3.8)。

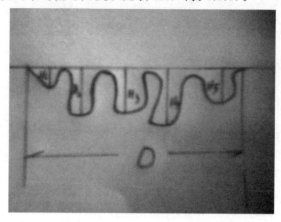

图 6.3.6　裙片悬垂底摆形态图

表 6.3.7　直纱裁制裙片黏衬前后底摆宽和波浪深度均值数据表　　　　单位:cm

黏衬前后		高丝宝(薄)		高丝宝(厚)		雪纺(薄)	
		D	H	D	H	D	H
30	黏衬前	35.4	5.9	34.7	7.1	35.1	6.4
	黏衬后	36.2	5.4	34.9	6.4	35.7	6
50	黏衬前	36.3	8.9	35.4	9.9	37.2	7.9
	黏衬后	38.8	8.7	35.4	9.1	37.6	7.8
70	黏衬前	37.4	12.3	36.1	13.6	38.1	10.6
	黏衬后	40.6	11.9	39.3	12.3	40.5	11.4
黏衬前后		雪纺(厚)		千禧麻		平板纱	
		D	H	D	H	D	H
30	黏衬前	34.8	6.4	34.8	5.8	36.6	6.3
	黏衬后	35.6	5.9	35.6	5.7	36.3	5.8
50	黏衬前	36.1	8.9	37.6	7.9	35.7	8.6
	黏衬后	37.7	8.1	38.4	7.1	35.9	7.6
70	黏衬前	36.3	12.3	36.7	11.7	38.2	10.9
	黏衬后	42.3	11.7	39.5	10.9	41.3	11.3

表 6.3.8　斜纱裁制裙片黏衬前后底摆宽和波浪深度均值数据表　　　　单位:cm

黏衬前后		高丝宝（薄）		高丝宝（厚）		雪纺（薄）	
		D	H	D	H	D	H
30	黏衬前	35.31	6.7	34.96	5.6	35.1	7.2
	黏衬后	35.72	6.3	35.3	5.7	35.2	6.5
50	黏衬前	35.81	7.2	35.5	7.6	36.1	8.6
	黏衬后	36.26	6.9	36.7	7.5	37.5	8.5
70	黏衬前	36.71	13.4	36.4	11.9	37.8	12.3
	黏衬后	37.93	11.7	37.8	10.6	39.6	12.7
黏衬前后		雪纺（厚）		千禧麻		平板纱	
		D	H	D	H	D	H
30	黏衬前	36.3	6.3	35.1	5.7	34.6	6.1
	黏衬后	35.9	6.2	36.1	5.1	35.7	5.7
50	黏衬前	35.9	8.1	35.9	6.2	37.7	8.9
	黏衬后	36.4	7.9	37.8	6.3	38.9	7.3
70	黏衬前	36.3	13.2	38.1	10.3	36.2	11.6
	黏衬后	39.8	11.6	40.2	10.9	37.2	11.1

　　平面状态下和模台状态下底摆宽度变化基本相同,各裙片黏衬后的底摆宽度都比黏衬前有所提高,但是平面状态下各裙片的底摆波浪深度均值变小。面料黏衬后悬垂性下降,面料厚度变厚,变得比黏衬前更挺括,所以底摆宽度比黏衬前大,而底摆波浪深度由于平面的原因,不能很好地伸展。从表 6.3.7、表 6.3.8 中数据可以明显看出,无论直纱还是斜纱裙片,在黏衬后底摆宽度明显增大,但是黏衬后波浪深度均值降低。

　　用相机照出裙片悬垂时的底摆状态,分别打印出来,描出底摆形态图,比较黏衬前后底摆形态变化。

裙片底摆形态照片

黏衬前后底摆形态图比较

图 6.3.7　底摆形态及黏衬前后形态比较

观查各裙片黏衬前后底摆形态图发现,大部分裙片黏衬后,底摆宽度和底摆波浪的宽度都比黏衬前宽,而底摆的波浪深度都有所下降,未黏衬时的裙片比黏衬后的裙片更容易在底摆形成满意的褶裥效果,黏衬前的波浪形态匀称,黏衬后波浪比较杂乱。

六、本节小结

服装在人体上穿着时会呈现自然的悬垂状态,当成衣结构中使用斜裁方式或使用黏合衬工艺时,必须考虑面料纱向与黏合衬对面料悬垂造型的影响,才能准确完成款式—结构—工艺的相互转化,更好地为成衣工业化生产服务。

① 面料与黏合衬黏合后悬垂性下降,悬垂凸条个数下降,悬垂性越好的面料的下降率越大,且黏衬后裙摆波浪个数降低,波浪深度和宽度变大,波浪造型较不黏衬时硬挺,底摆各方向伸长量差变小,比黏衬前平整。

② 立体状态下,裙片黏衬后形成波浪的位置靠下,波浪长度变短,整体宽度变宽,悬垂感变差,底摆形态发生明显变化,底摆宽度变大,底摆波浪深度变大,黏衬后的裙片波浪排列不匀称,底摆的褶裥效果较黏衬前柔软性减弱。

③ 裙片悬挂于平面和模台状态下悬垂凸条个数相差不大,模台状态下凸条个数略大,黏衬后凸条个数明显变少。

参 考 文 献

[1] 陆鑫. 成衣缝制工艺与管理[M].北京:中国纺织出版社,2005.

[2] 刘国联. 服装厂技术管理[M].北京:中国纺织出版社,1999.

[3] 吴卫刚. 服装标准应用[M].北京:中国纺织出版社,2002.

[4] 朱松文等. 服装材料学[M]. 北京:中国纺织出版社,1996.

[5] 王淮,杨瑞丰. 服装材料与应用[M].沈阳:辽宁科学技术出版社,2005.

[6] 秦姝. 服装材料的发展及其文化现象[J].武汉科技学院学报,2005(3).

[7] 陈建伟,商蕾.服装衬布的现状及发展新动向[J].山东纺织科技,2003(6).

[8] 孔繁薏,罗大旺. 中国服装辅料大全[M].北京:中国纺织出版社,1998.

[9] 宋绍华.21世纪服装衬布技术面临新课题[J].服装导报,2001(1).

[10] David. J. Ler. Material Management in Clothing Production. BSP Professional Books,Oxford,UK,1991.

[11] 蒋蕙钧. 服装材料[M]. 南京:江苏科学技术出版社,2004.

[12] 张文斌. 服装工艺学(成衣工艺分册)[M]. 北京:中国纺织出版社,2003.

[13] 孙金阶. 服装机械原理[M]. 北京:中国纺织出版社,2003.

[14] 陈雁,李栋高. 服装生产系统[M]. 南京:江苏科学技术出版社,2004.

[15] Behr B. Mechanical Properties of Textile Fabrics, Part I: Shearing. Textile Research Journal, 1961, 31(2).

[16] J. Fan, W. leeuwner, L. Hunter、Compatibility of Outer and Fusible Interlining Fabrics in Tailored Garments, Part II:Relationship Between Mechanical Properties of Fused Composites and Those of outer and Fusible Interlining Fabrics、Textile Research Journal, 1997,67(2).

[17] 朱光尧,徐赛芳.高档双点黏合衬与全毛(毛涤)面料的配伍性探讨[J]. 东华大学学

报：自然科学版，2002，28(5)．

[18] 范福军．黏合衬对服装部分服用性能影响的探讨[J]．纺织学报，2000，21(2)．

[19] 许赛芳，朱光尧．高档双点黏合衬与全毛面料配伍性探讨[J]．东华大学学报：自然科学版，2002，28(5)．

[20] 林秀璧，许树文．丝绸服装面料与黏合衬配伍性能的探讨[J]．中国纺织大学学报，1998，22(2)．

[21] 唐虹，张渭源等．黏合衬对面料风格变化的相关分析[J]．纺织学报，2006(5)．

[22] 商蕾．黏合衬及黏合工艺对服装外观性能影响的开发[D]．青岛：青岛大学．

[23] 刘国联．服装材料与服装制品管理[M]．沈阳：辽宁美术出版社，2002．

[24] 刘静伟．服装材料试验教程[M]．北京：中国纺织出版社，2000．

[25] 冯岑，胡征宇．现代质量管理工程[M]．苏州大学材料工程学院内部讲义，2003．

[26] 于伟东，储才元．纺织物理[M]．上海：东华大学出版社，2001．

[27] 张莉，刘国联．服装市场调研分析——SPSS 的应用[M]．北京：中国纺织出版社，2003．

[28] 吕秀君，竺梅芳．人的体型与服装结构设计[J]．出类拔萃，2005(4)．

[29] 陈超．斜裁喇叭裙外观形态分析与优化[J]．四川丝绸，2004(3)．

[30] 郑嵘．斜裙的纸样与面料特性的关系研究[J]．北京服装学院学报：自然科学版，2001(1)．

[31] 刘瑞璞．服装纸样设计原理与技术 女装编[M]．北京：中国纺织出版社，2005．

[32] 李健，郑嵘等．斜裙形态与人体腰臀部形态的关系[J]．北京服装学院学报，2005，25(4)．

[33] 王晓红，徐军，姚穆．采用图像处理技术客观评价织物悬垂性能[J]中国纺织大学学报，1999(3)．

[34] 吴秋英．论人体型态与服装结构的关系[J]．天津纺织科技，2005(4)．

[35] 周静．裙子原型制图的相关因素关系的分析研究[J]．扬州职业大学学报，2002(3)．

[36] 张文斌．服装工艺学 结构设计分册[M]．北京：中国纺织出版社，2001．

[37] 倪红，李春萍．面料的悬垂性能对服装波浪造型的影响[J]．丝绸，2001(2)．

[38] 倪红．裙长对大波浪斜裙形态风格的影响[J]．江南大学学报：自然科学版，2005(4)．

[39] SHEN Yi, YIN Hongyuan, LIU Xuanmu. Three-Dimensional Measurement and Reconstruction of Fabric Drape Shape[J].Journal of Donghua University (Eng. Ed.),2007.

[40] 陶钧．针织面料缝制要点及设备的选用[J]．上海纺织科技，2002(6)．

[41] 毛莉莉，王家兴．针织服装肩缝及下摆变形的研究[J]．针织工业，2005(10)．

[42] 陆鑫，吴世刚，顾韵芬等．采用正交试验进行服装缝纫工艺的参数设计[J]．上海纺织科技，2009(3)．

[43] 陈振洲．弹性针织物弹性测试方法探讨[J]．针织工业，2003(4)．

[44] 毛莉莉等．针织服装结构与工艺设计[M]．北京：中国纺织出版社，2006．

[45] 刘艳梅，刘永贵，杨宝根等．针织面料的弹性分类[J]．针织工业，2008(12)

[46] 齐淑菊，陈瑞龙．控制针织物在缝制过程中出现针洞的方法探讨[J]．针织工业，2002．(02)．

［47］张文彤.世界优秀统计工具 SPSS11.0 统计分析教程［M］.北京:北京希望出版社,2002.

［48］金惠琴,李世波著.针织缝纫工艺［M］.北京:中国纺织出版社,2006.

［49］刘国联,姜淑媛,毛成栋等.服装材料学［M］.上海:东华大学出版社,2006.

［50］陈霞.针织品缝制故障的问题分析［J］.针织工业,2007(1).

［51］方丽英,袁观洛.缝纫条件对氨纶弹力机织物缝纫质量的影响［J］.纺织学报,2004(4).

［52］陆鑫.缝制形式与参数对丝绸面料缝口强度的影响［J］.上海纺织科技,2010,38(5).

［53］陆鑫.基于缝口强度的丝绸面料缝制形式与参数设计［J］.上海纺织科技,2010(7).

［54］陆鑫,顾韵芬,穆虹,陈丹.黏合缩率对丝绸服装样板细部规格影响的相关分析［J］.北京服装学院学报,2008,28(2).

［55］陆鑫,张姝,顾韵芬.针织面料性能对服装边口缝制工艺的影响［J］.纺织学报,2012,33(11).

［56］陆鑫,顾韵芬,曲亚楠.服装材料悬垂伸长量与成衣样板修正量的研究［J］.国际纺织导报,2008,36(6).

［57］武英敏.毛涤织物定型温度与黏衬后缩率的关联性［J］.毛纺科技,2010,38(3).

［58］武英敏.温度对毛织物热缩率的影响［J］.毛纺科技,2009,37(3).

［59］武英敏,陆鑫.涤纶面料的热定型温度对其黏合尺寸的影响［J］.上海纺织科技,2008(3).

［60］武英敏.丝绸面料熨烫时的热缩率分析［J］.国际纺织导报,2009(3).